黑龙江科学技术出版社
HEILONGJIANG SCIENCE AND TECHNOLOGY PRESS

图书在版编目（CIP）数据

叶子图鉴 / 曲同宝主编 . -- 哈尔滨 : 黑龙江科学技术出版社 , 2019.3
ISBN 978-7-5388-9919-1

I . ①叶… II . ①曲… III . ①叶－图集 IV . ① Q944.56-64

中国版本图书馆 CIP 数据核字 (2018) 第 292682 号

叶子图鉴

YEZI TUJIAN

作　　者　曲同宝
项目总监　薛方闻
责任编辑　徐　洋
策　　划　深圳市金版文化发展股份有限公司
封面设计　深圳市金版文化发展股份有限公司
出　　版　黑龙江科学技术出版社
　　　　　地址：哈尔滨市南岗区公安街 70-2 号　邮编：150007
　　　　　电话：（0451）53642106　传真：（0451）53642143
　　　　　网址：www.lkcbs.cn
发　　行　全国新华书店
印　　刷　深圳市雅佳图印刷有限公司
开　　本　685 mm × 920 mm　1/16
印　　张　12.5
字　　数　150 千字
版　　次　2019 年 3 月第 1 版
印　　次　2019 年 3 月第 1 次印刷
书　　号　ISBN 978-7-5388-9919-1
定　　价　38.00 元

CONTENTS 目录

Chapter 1 单叶

CONTENTS 目录

Chapter 2 复叶

Chapter 3 针状叶

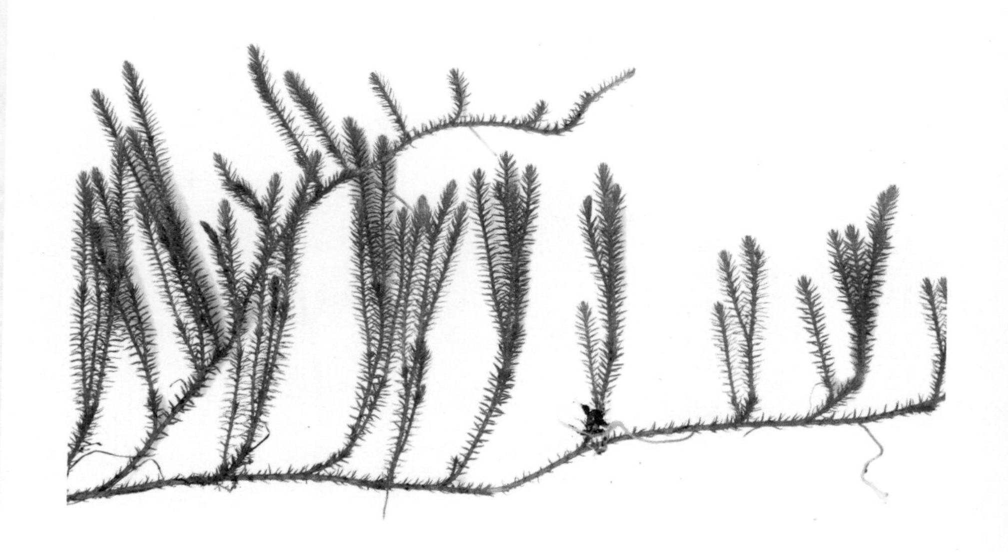

叶子

叶子是维管植物营养器官之一。其功能是进行光合作用合成有机物，并有蒸腾作用，为根系从外界吸收水和矿物质营养提供动力。

从人们的视觉上看，叶子有着各种各样的形态。叶子形态和颜色等性状的变化，能告知人们各种各样的信息，如季节变迁、气候变化、水土变化，以及植物本体的营养需求变化。在园艺学发展越来越快的现代，叶子也扮演了更加重要的角色，利用不同时期各种形态的叶子做出的工艺品也越来越多。

但无论叶子的形态如何改变，无论做出多么精美的工艺品，最纯最美的依然是那一片片在植物体上进行着光合作用的叶子。本书将带你鉴别各种各样的植物叶子。

叶子形态介绍

叶片组织结构

叶形

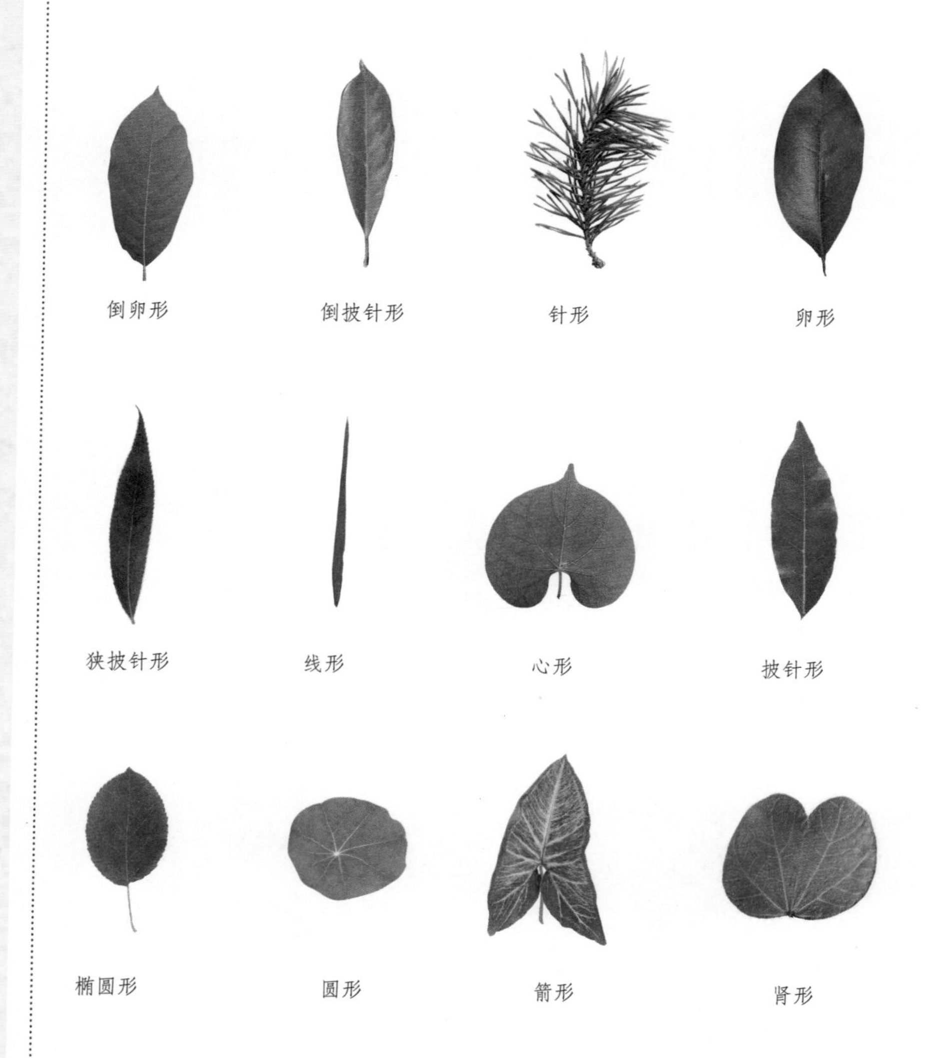

叶序

对生

互生

奇数羽状复叶

掌状复叶

二回羽状复叶

轮生

偶数羽状复叶

簇生

叶缘

波状缘

锯齿缘

全缘

深裂

浅裂

如何使用本书

4 侧栏：
提供分类与叶子形态说明，以便快速查找物种

1 中文名：
全国通用的中文名称

2 科名、属名：
科与属分别是生物分类法中的一级

5 学名：
植物的学名即拉丁名，是用两个拉丁化的名字来命名的

6 树高：
植物在野生情况下的高度

7 叶序：
叶子在茎上排列的方式

8 叶形：
叶子的形状，也就是叶片的轮廓

9 图注：
对叶子不同部位进行注解

单叶锯齿缘 leaves • 叶子图鉴

薄荷

• 科名 / 唇形科 • 属名 / 薄荷属
• 别名 / 野薄荷、夜息香

Mentha haplocalyx Briq. 种类 多年生草本

树高：30~60cm | 叶序：单叶对生 | 叶形：长圆状披针形、披针形、椭圆形或卵状披针形

叶柄腹凹背凸，被微柔毛

叶缘：边缘在基部以上疏生粗大的牙齿状锯齿

016

3 别名：

我国各地常用的民间俗称

10 叶子特征：

叶子的特征介绍

叶子特征 叶片长圆状披针形，披针形，椭圆形或卵状披针形，稀长圆形，长3~5厘米，宽0.8~3.0厘米，先端锐尖，基部楔形至近圆形，边缘在基部以上疏生粗大的牙齿状锯齿，侧脉约5~6对，与中肋在上面微凹陷下面显著，上面绿色；沿脉上密生余部疏生微柔毛，通常沿脉上密生微柔毛；叶柄长2~10毫米，腹凹背凸，被微柔毛。

植物应用 薄荷具有医用和食用双重功能，主要食用部位为茎和叶，也可榨汁服。在食用上，薄荷既可作为调味剂，又可作香料，还可配酒、冲茶等。全草可入药，治感冒发热喉痛，头痛，目赤痛，肌肉疼痛，皮肤风疹搔痒，麻疹不透等症，此外对痈、疽、疥、癣、漆疮亦有效。

盆栽薄荷。

薄荷是春节餐桌上的鲜菜。清爽可口。

花小淡紫色，唇形。

017

11 图片备注：

对图片中该种植物所处形态的介绍

12 植物应用：

植物在日常生活及医学中的应用价值

单叶
leaves

Chapter 1

白栎

• 科名 / 壳斗科
• 属名 / 栎属

Quercus fabri Hance　　种类　落叶乔木或灌木状

株高：20米	叶序：单叶互生	叶形：倒卵形、椭圆状倒卵形

叶基部： 楔形或窄圆形

叶脉： 侧脉每边8～12条，叶背支脉明显

叶缘： 具波状锯齿或粗钝锯齿

叶子特征 叶片倒卵形、椭圆状倒卵形，长7～15厘米，宽3～8厘米，顶端钝或短渐尖，基部楔形或窄圆形，叶缘具波状锯齿或粗钝锯齿，幼时两面被灰黄色星状毛，侧脉每边8～12条，叶背支脉明显；叶柄长3～5毫米，被棕黄色茸毛。

植物应用 白栎枝叶繁茂，宜作庭阴树于草坪中孤植、丛植，或在山坡上成片种植，也可作为其他花灌木的背景树。木材具光泽，花纹美丽，纹理直；结构略粗，不均匀；质量和硬度中等；强度高，干缩性略大；耐腐。常作为地板用材。

树皮灰褐色，深纵裂

雄花序长6～9厘米，花序轴被茸毛；雌花序长1～4厘米，生2～4朵花，壳斗杯形

坚果长椭圆形或卵状长椭圆形

箭羽竹芋

•科名 / 竹芋科　•属名 / 肖竹芋属
•别名 / 披针叶竹芋、花叶葛郁金

Calathea insignis Petersen　种类 多年生常绿草本

树高：1米以下	叶序：单叶簇生	叶形：披针形

叶子特征 披针形，叶片长达50厘米，叶面灰绿色，边缘颜色稍深，沿主脉两侧，与侧脉平行嵌有大小交替的深绿色斑纹，叶背棕色或紫色，叶缘有波浪状起伏。

植物应用 该植物叶色丰富多彩，观赏性极强，且多为阴生植物，具有较强的耐阴性，适应性较强，可种植在庭院、公园的林阴下或路旁，在华南地区已有越来越多的种类被应用于园林绿化。种植方法可采用片植、丛植或与其他植物搭配布置。在北方地区，可在观赏温室内栽培用于园林造景观赏。

常作为室内盆栽

不同品种的箭羽竹芋

箭羽竹芋的花，花序头状或球果状

菩提树

• 科名 / 桑科　• 属名 / 榕属
• 别名 / 思维树

Ficus religiosa L.　　种类 常绿乔木

树高：15～25米	叶序：单叶互生	叶形：三角状卵形

叶子特征 叶革质，三角状卵形，长9～17厘米，宽8～12厘米，表面深绿色，光亮，背面绿色，先端骤尖，顶部延伸为尾状，尾尖长2～5厘米，基部宽截形至浅心形，全缘或为波状；基生叶脉三出，侧脉5～7对；叶柄纤细，有关节，与叶片等长或长于叶片；托叶小，卵形，先端急尖。

植物应用 菩提树对二氧化硫、氯气抗性中等，对氢氟酸抗性强，宜作污染区的绿化树种。同时，它分枝扩展，树形高大，枝繁叶茂，冠幅广展，优雅可观，是优良的观赏树种，宜作庭院行道的绿化树种。

老菩提树树干粗壮

菩提树株形

菩提树花，花柱纤细，柱头狭窄

天竺葵

•科名 / 牻牛儿苗科 •属名 / 天竺葵属
•别名 / 洋绣球、入腊红、石腊红、日烂红、洋葵、驱蚊草

Pelargonium hortorum Bailey 种类 多年生草本

树高：30～60厘米 | 叶序：单叶互生 | 叶形：圆形或肾形，茎部心形

叶子特征 叶互生；托叶宽三角形或卵形，长7～15毫米，被柔毛和腺毛；叶柄长3～10厘米，被细柔毛和腺毛；叶片圆形或肾形，茎部心形，直径3～7厘米，边缘波状浅裂，具圆形齿，两面被透明短柔毛，表面叶缘以内有暗红色马蹄形环纹。

植物应用 天竺葵能平衡皮脂分泌而使皮肤饱满，对湿疹、灼伤、疱疹、癣及冻疮的治疗有益，对松垮皮肤、毛孔阻塞及油性皮肤的改善也很好，堪称一种全面性的洁肤油。由于天竺葵还能促进血液循环，使用后会让苍白的皮肤较为红润有活力。用于熏香器或以毛巾敷面可以刺激淋巴系统，强化循环系统。天竺葵适应性强，花色鲜艳，花期长，适用于室内摆放、花坛布置等。

天竺葵适应性强，花色鲜艳，花期长，适用于室内摆放、花坛布置等

不同叶色的天竺葵

伞形花序腋生，具多花

银杏

•科名 / 银杏科 •属名 / 银杏属
•别名 / 白果、公孙树、鸭脚树、蒲扇

Ginkgo biloba L. **种类** 落叶乔木

树高：40米	叶序：单叶簇生	叶形：扇形

叶子特征 叶扇形，有长柄，淡绿色，无毛，有多数叉状并列细脉，顶端宽5～8厘米，在短枝上常具波状缺刻，在长枝上常2裂，基部宽楔形，柄长3～10厘米，幼树及萌生枝上的叶常有深裂，有时裂片再分裂。叶在一年生长枝上以螺旋状散生，在短枝上3～8叶呈簇生状，秋季落叶前变为黄色。

植物应用 银杏树高大挺拔，叶似扇形。冠大阴状，具有降温作用。叶形古雅，寿命绵长。无病虫害，不污染环境，树干光洁，是著名的无公害树种，有利于美化风景。银杏树适应性强，对气候土壤要求不高，抗烟尘、抗火灾、抗有毒气体。

落叶大乔木，胸径可达4米

球花雌雄异株，单性，生于短枝顶端的鳞片状叶的腋内，呈簇生状

种子供食用（多食易中毒）及药用

月桂

•科名 / 樟科 •属名 / 月桂属
•别名 / 月桂树、桂冠树、甜月桂、月桂冠

Laurus nobilis L. 种类 常绿乔木

树高：12米	叶序：单叶互生	叶形：长圆形或长圆状披针形

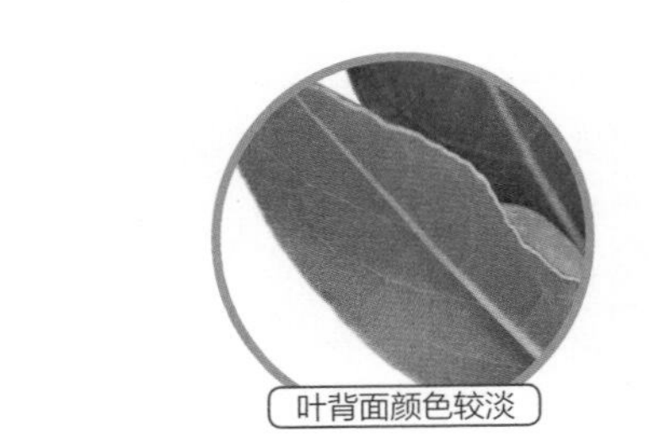
叶背面颜色较淡

叶子特征 叶互生，长圆形或长圆状披针形，长5.5～12.0厘米，宽1.8～3.2厘米，先端锐尖或渐尖，基部楔形，边缘细波状，革质，上面暗绿色，下面稍淡，两面无毛，羽状脉，中脉及侧脉两面凸起，侧脉每边10～12条，末端近叶缘处弧形连结，细脉网结，两面多少明显，呈蜂窠状；叶柄长0.7～1.0厘米，鲜时紫红色，略被微柔毛或近无毛，腹面具槽。

植物应用 月桂四季常青，树姿优美，有浓郁香气，适于在庭院、建筑物前栽植，其斑叶者，尤为美观。住宅前院用月桂作为绿墙分隔空间，隐蔽遮挡，效果也好。

果卵珠形，幼时绿色，熟时暗紫色

伞形花序腋生，1～3个成簇状或短总状排列

应用于盆栽绿植

白桦

•科名 / 桦木科 •属名 / 桦木属
•别名 / 粉桦、桦树、桦木、桦皮树

Betula platyphylla Suk. 种类 落叶乔木

树高：27米	叶序：单叶互生	叶形：卵状三角形

叶子特征 叶厚纸质，卵状三角形，长3～9厘米，宽2.0～7.5厘米，顶端锐尖、渐尖至尾状渐尖，基部截形、宽楔形或楔形，有时微心形或近圆形，边缘具重锯齿，有时具缺刻状重锯齿或单齿，上面于幼时疏被毛和腺点，成熟后无毛，无腺点，下面无毛，密生腺点，侧脉5～7对；叶柄细瘦，长1.0～2.5厘米，无毛。

植物应用 白桦树枝叶扶疏，姿态优美，尤其是树干修直，洁白雅致，十分引人注目。孤植、丛植于庭园、公园之草坪、池畔、湖滨，或列植于道旁均颇美观；若在山地或丘陵坡地成片栽植，可组成美丽的风景林。

生命力强，在大火烧毁森林以后，首先生长出来的常常是白桦，常形成大片的白桦林，是形成天然林的主要树种之一

秋后叶色变黄

有白色光滑像纸一样的树皮，可分层剥下来

薄荷

• 科名 / 唇形科 • 属名 / 薄荷属
• 别名 / 野薄荷、夜息香

Mentha haplocalyx Briq. 种类 多年生草本

树高：30～60厘米	叶序：单叶对生	叶形：长圆状披针形、披针形、椭圆形或卵状披针形

叶柄腹凹背凸，被微柔毛

叶缘： 在基部以上疏生粗大的牙齿状锯齿

叶脉： 侧脉5～6对，与中肋在上面微凹陷，下面显著

叶基部： 阔楔形

叶子特征 叶片长圆状披针形、披针形、椭圆形或卵状披针形，稀长圆形，长3～5厘米，宽0.8～3.0厘米，先端锐尖，基部楔形至近圆形，边缘在基部以上疏生粗大的牙齿状锯齿，侧脉5～6对，与中肋在上面微凹陷，下面显著，上面绿色；沿脉上密生余部疏生微柔毛，通常沿脉上密生微柔毛；叶柄长2～10毫米，腹凹背凸，被微柔毛。

盆栽薄荷

植物应用 薄荷具有医用和食用双重功能，主要食用部位为茎和叶，也可榨汁服。在食用上，薄荷既可作为调味剂，又可作香料，还可配酒、冲茶等。全草可入药，治感冒发热、喉痛、头痛、目赤痛、肌肉疼痛、皮肤风疹瘙痒、麻疹不透等症，此外，对痈、疽、疥、癣、漆疮亦有效。

薄荷是春节餐桌上的鲜菜，清爽可口

花小，淡紫色，唇形

草莓

•科名 / 蔷薇科 •属名 / 草莓属
•别名 / 凤梨草莓

Fragaria × *ananassa* Duch. 种类 多年生草本

树高：10～40厘米	叶序：三出复叶	叶形：倒卵形或菱形

叶子特征 叶三出，小叶具短柄，质地较厚，倒卵形或菱形，少圆形，长3～7厘米，宽2～6厘米，顶端圆钝，基部阔楔形，侧生小叶基部偏斜，边缘具缺刻状锯齿，锯齿急尖，上面深绿色，几无毛，下面淡白绿色，疏生毛，沿脉较密；叶柄长2～10厘米，密被开展黄色柔毛。

植物应用 草莓营养价值丰富，被誉为“水果皇后”，含有丰富的维生素C、维生素A、维生素E、维生素PP、维生素B_1、维生素B_2、胡萝卜素、鞣酸、天冬氨酸、铜、草莓胺、果胶、纤维素、叶酸、铁、钙、鞣花酸和花青素等营养物质。

花瓣白色，近圆形或倒卵椭圆形，基部具不明显的爪

国内优良品种草莓栽培的品种很多，全世界共有两万多个品种，但大面积栽培的优良品种只有几十个

草莓的果实呈聚合果状，直径达3厘米，鲜红色，宿存萼片直立，紧贴于果实；瘦果尖卵形，光滑。果期6～7月

茶

•科名 / 山茶科 •属名 / 山茶属
•别名 / 槚、茗、荈、茶树、茶叶、元茶

Camellia sinensis (L.)O.Ktze. 种类 常绿灌木或小乔木

树高：1.0～1.5米	叶序：单叶互生	叶形：长圆形或椭圆形

背面无毛或初时有柔毛

叶子特征 叶革质，长圆形或椭圆形，长4～12厘米，宽2～5厘米，先端钝或尖锐，基部楔形，上面发亮，下面无毛或初时有柔毛，侧脉5～7对，边缘有锯齿；叶柄长3～8毫米，无毛。

植物应用 中国历史上有很长时间的饮茶记录，已经无法确切地查明到底是在什么年代开始的，但是大致的时代是有说法的。并且，可以找到证据证明在世界上的很多地方，饮茶的习惯是从中国传过去的。所以，很多人认为饮茶就是中国人首创的，世界上其他地方的饮茶习惯、种植茶叶的习惯都是直接或间接地从中国传过去的。

野生种遍布于中国长江以南的山区，为小乔木状，叶片较大，常超过10厘米长

茶叶饮品是中国特有的“世界三大饮料”之一

花白色，萼片阔卵形至圆形，无毛，宿存；花瓣阔卵形，基部略连合

垂柳

•科名 / 杨柳科　•属名 / 柳属

•别名 / 柳树、水柳、垂丝柳、清明柳

Salix babylonica L.　种类 落叶乔木

树高：12～18米	叶序：单叶互生	叶形：狭披针形或线状披针形

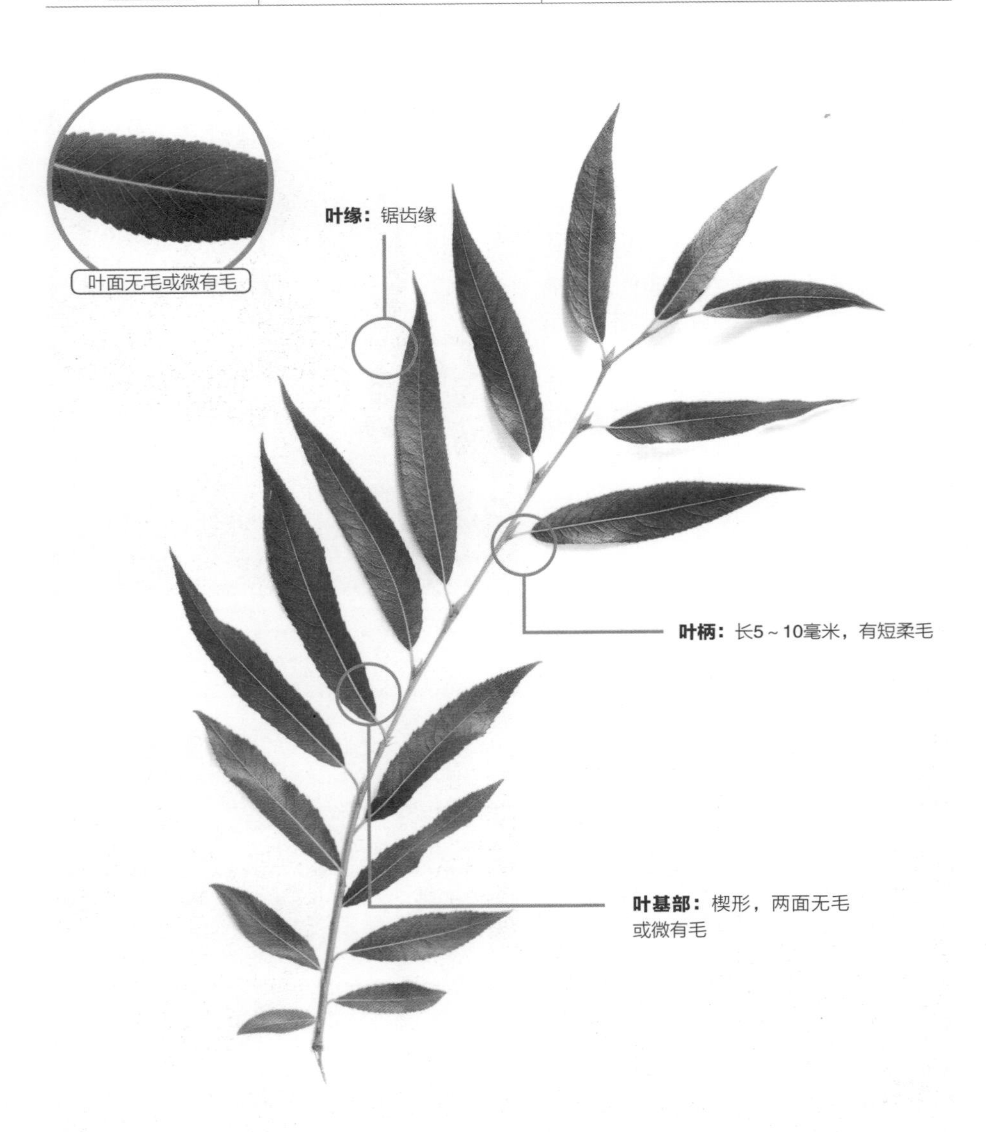

叶子特征 叶狭披针形或线状披针形，长9～16厘米，宽0.5～1.5厘米，先端长渐尖，基部楔形，两面无毛或微有毛，上面绿色，下面色较淡，锯齿缘；叶柄长5～10毫米，有短柔毛；托叶仅生在萌发枝上，斜披针形或卵圆形，边缘有齿牙。

植物应用 枝条细长，生长迅速，自古以来深受中国人民喜爱。最宜栽植在水边，如桥头、池畔、河流、湖泊等水系沿岸处。与桃花间植可形成桃红柳绿之景，是江南园林春景的特色配植方式之一；也可作庭荫树、行道树、公路树；亦适用于工厂绿化，还是固堤护岸的重要树种。木材可供制作家具；枝条可编筐；树皮含鞣质，可提制栲胶；叶可作羊饲料。

垂柳是园林绿化中常用的行道树，观赏价值较高，成本低廉，深受各地绿化工作者的喜爱

葇荑花序直立或斜展，先叶开放，或与叶同时开放，少后叶开放

最宜栽植在水边，如桥头、池畔、湖泊等水系沿岸

刺五加

•科名 / 五加科 •属名 / 五加属
•别名 / 刺拐棒、坎拐棒子、一百针、老虎潦

Acanthopanax senticosus (Rupr. Maxim.)Harms 种类 常绿灌木

树高：1～6米	叶序：掌状复叶	叶形：椭圆状倒卵形或长圆形

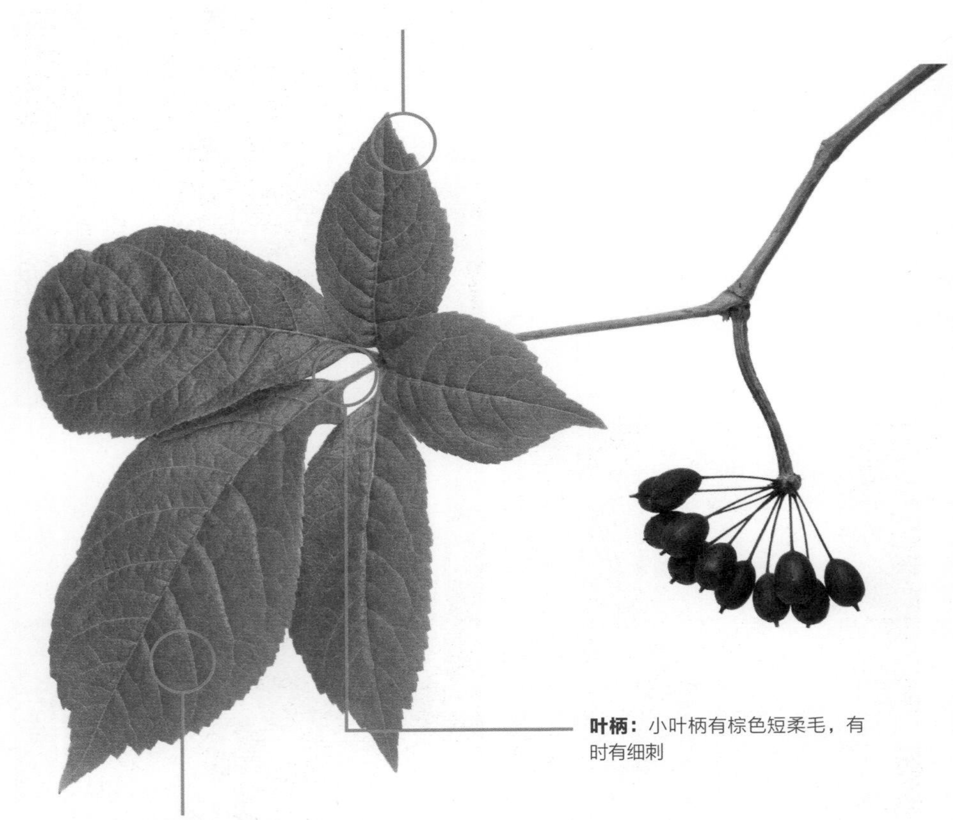

叶子特征 叶有小叶5，少3；叶柄常疏生细刺，长3～10厘米；小叶片纸质，椭圆状倒卵形或长圆形，长5～13厘米，宽3～7厘米，先端渐尖，基部阔楔形，上面粗糙，深绿色，脉上有粗毛，下面淡绿色，脉上有短柔毛，边缘有锐利重锯齿，侧脉6～7对，两面明显，网脉不明显；小叶柄长0.5～2.5厘米，有棕色短柔毛，有时有细刺。

植物应用 刺五加在中国医药学中作为药物广泛应用已有悠久的历史，具有“补中益精、坚筋骨、强意志”的作用，久服“轻身耐老”，与他药配伍亦可“进饮食、健气力、不忘事”。

根皮祛风湿、强筋骨，泡酒制五加皮酒（或制成五加皮散）

伞形花序单个顶生，有花多数

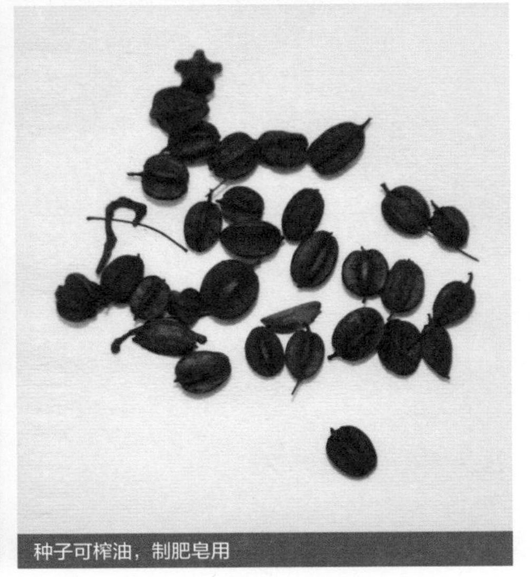

种子可榨油，制肥皂用

构树

• 科名 / 桑科　• 属名 / 构属

• 别名 / 楮桃、构桃树、构乳树、楮树、楮实子、沙纸树、谷木、谷浆树

Broussonetia papyrifera (Linn.) L'Hér. ex Vent.　种类 落叶乔木

树高：10～20米	叶序：单叶互生	叶形：广卵形至长椭圆状卵形

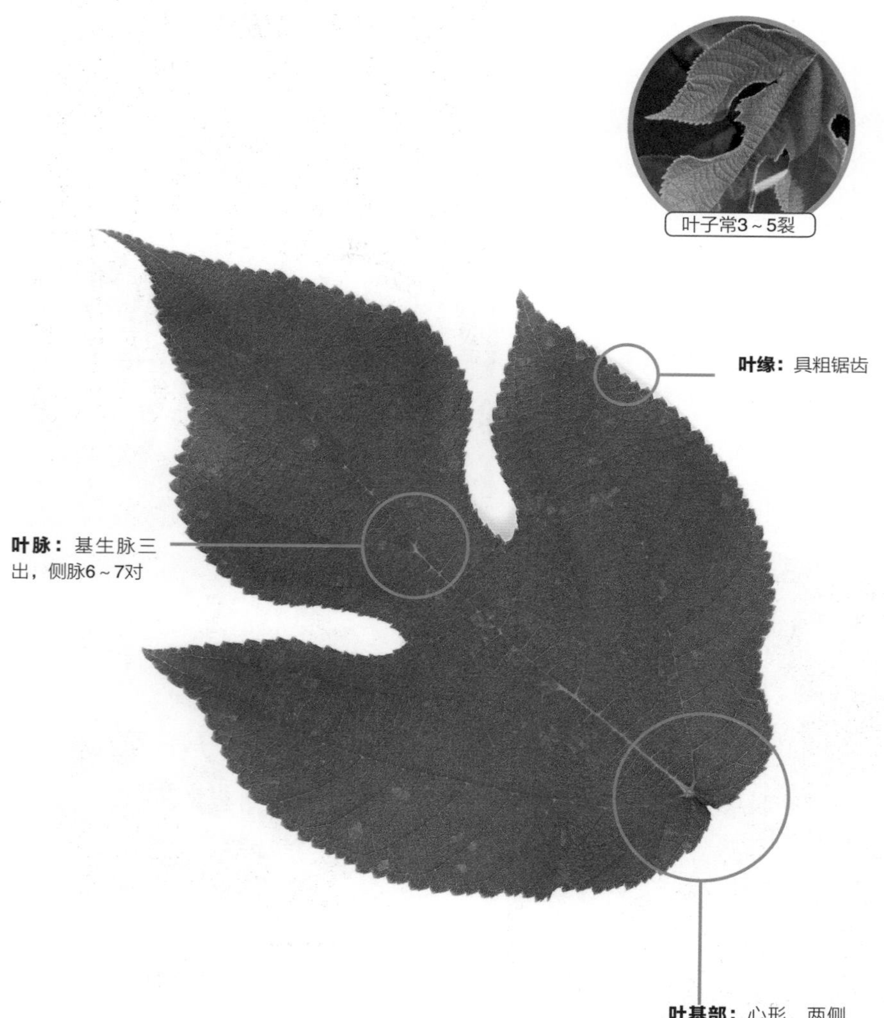

叶子特征 叶螺旋状排列，广卵形至长椭圆状卵形，长6～18厘米，宽5～9厘米，先端渐尖，基部心形，两侧常不相等，边缘具粗锯齿，不分裂或3～5裂，小树之叶常有明显分裂，表面粗糙，疏生糙毛，背面密被茸毛，基生叶脉三出，侧脉6～7对；叶柄长2.5～8.0厘米，密被糙毛；托叶大，卵形，狭渐尖，长1.5～2.0厘米，宽0.8～1.0厘米。

植物应用 构树外貌虽较粗野，但枝叶茂密，且有抗性、生长快、繁殖容易等许多优点，果实酸甜，可食用，还是城乡绿化的重要树种，尤其适合用作矿区及荒山坡地绿化，亦可选作庭荫树及防护林用。构树为抗有毒气体强的树种，可在大气污染严重地区栽植。

构树具有速生、适应性强、分布广、易繁殖、热量高、轮伐期短的特点

聚花果直径1.5~3.0厘米，成熟时橙红色，肉质

构树嫩芽

红背桂花

•科名 / 大戟科 •属名 / 海漆属
•别名 / 红背桂

***Excoecaria cochinchinensis* Lour** 种类 常绿灌木

树高：1米	叶序：单叶对生	叶形：狭椭圆形或长圆形

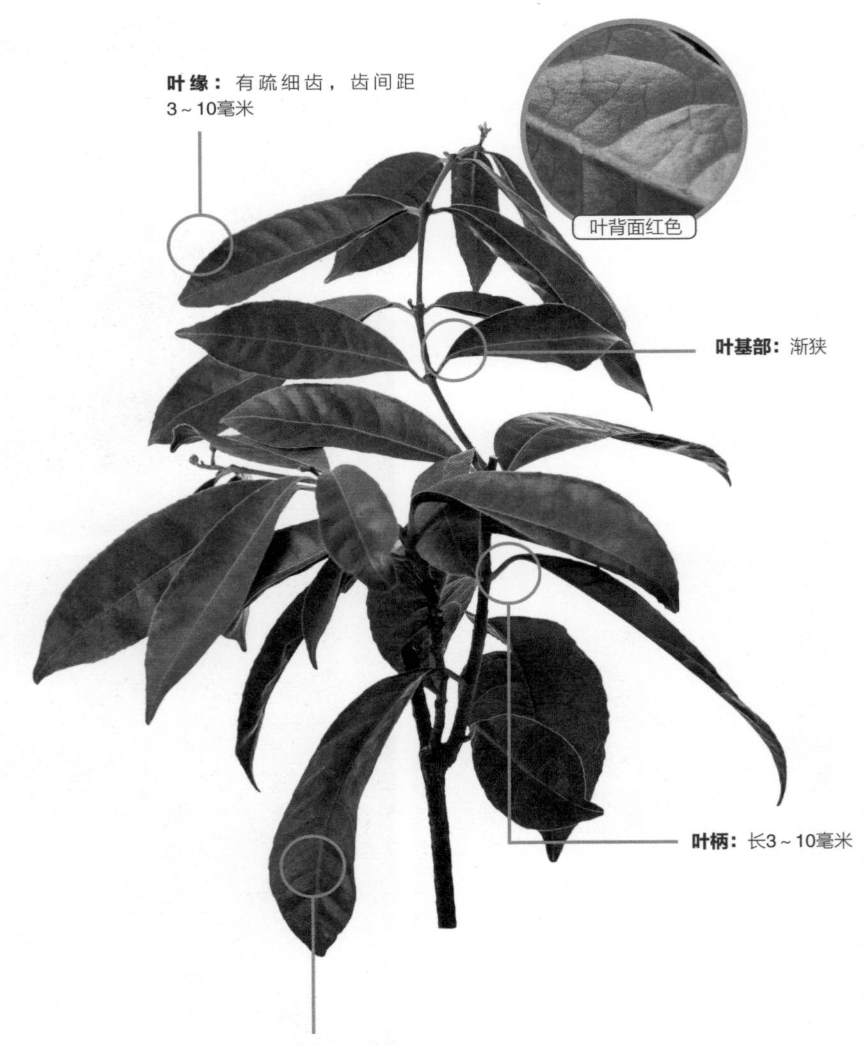

叶子特征 叶对生，少兼有互生或近3片轮生，纸质，叶片狭椭圆形或长圆形，长6～14厘米，宽1.2～4.0厘米，顶端长渐尖，基部渐狭，边缘有疏细齿，齿间距3～10毫米，两面均无毛，腹面绿色，背面紫红或血红色；中脉于两面均凸起，侧脉8～12对，弧曲上升，离缘弯拱连接，网脉不明显；叶柄长3～10毫米，无腺体；托叶卵形，顶端尖，长约1毫米。

植物应用 红背桂花枝叶飘飒，清新秀丽，盆栽常点缀室内厅堂、居室，南方用于庭园、公园、居住小区绿化，茂密的株丛，鲜艳的叶色，与建筑物或树丛构成自然、闲趣的景观。

蒴果球形，直径约8毫米

红背桂花是一种实用价值较高的观叶植物

红背桂花因其叶背为红色得名

胡杨

•科名 / 杨柳科　•属名 / 杨属
•别名 / 胡桐、英雄树、异叶胡杨、异叶杨、水桐、三叶树

Populus euphratica　种类 落叶乔木

树高：10~15米	叶序：单叶互生	叶形：卵圆形、卵圆状披针形、三角状卵圆形或肾形

叶子特征 叶形多变化，卵圆形、卵圆状披针形、三角状卵圆形或肾形，先端有粗齿牙，基部楔形、阔楔形、圆形或截形，有2腺点，两面同色；叶柄微扁，约与叶片等长，萌枝叶柄极短，长仅1厘米，有短茸毛或光滑。

植物应用 胡杨有园林观赏用途，常绿，树形优美，是优良的行道树、庭园树种类。它的木质坚硬，耐水抗腐，历千年而不朽，是上等建筑和家具用材，楼兰、尼雅等沙漠古城的胡杨建材至今保存完好。树叶富含蛋白质和盐类，乃是牲畜越冬的上好饲料；胡杨木的纤维长，又是造纸的好原料，枯枝则是上等的好燃料；叶和花均可入药，因此胡杨可谓沙漠中的宝树。

胡杨是生活在沙漠中的唯一的乔木树种，自始至终见证了中国西北干旱区走向荒漠化的过程

黄叶

在沙漠中只要看到成列的或鲜或干的胡杨，就能判断那里曾经有水流过

虎耳草

- 科名 / 虎耳草科 • 属名 / 虎耳草属
- 别名 / 石荷叶、金线吊芙蓉、老虎耳、金丝荷叶、耳朵红

Saxifraga stolonifera Curt. 种类 多年生草本

树高：8～45厘米	叶序：单叶簇生	叶形：近心形、肾形至扁圆形

叶柄微扁

叶脉：具掌状达缘脉序

叶缘：裂片边缘具不规则齿牙和腺睫毛

叶基部：近截形、圆形至心形

叶子特征 基生叶具长柄，叶片近心形、肾形至扁圆形，长1.5～7.5厘米，宽2～12厘米，先端钝或急尖，基部近截形、圆形至心形，7～11浅裂，裂片边缘具不规则齿牙和腺睫毛，腹面绿色，被腺毛，背面通常红紫色，被腺毛，有斑点，具掌状达缘脉序，叶柄长1.5～21.0厘米，被长腺毛；茎生叶披针形，长约6毫米，宽约2毫米。

植物应用 虎耳草可入药，用于治疗小儿发热、咳嗽气喘；外用于中耳炎、耳廓溃烂、疔疮、疖肿、湿疹。此外，虎耳草植株矮小，叶形可爱，常被用作家庭小绿植，净化室内空气，美化家居环境。

花两侧对称；花瓣白色，中上部具紫红色斑点

匍匐生长在岩石上

虎耳草盆栽

积雪草

•科名 / 伞形科 •属名 / 积雪草属
•别名 / 铜钱草、马蹄草、钱齿草、崩大碗

Centella asiatica (L.)Urban 种类 多年生草本

树高：15～30厘米	叶序：单叶互生	叶形：圆形、肾形或马蹄形

叶子特征 叶片膜质至草质，圆形、肾形或马蹄形，长1.0～2.8厘米，宽1.5～5.0厘米，边缘有钝锯齿，基部阔心形，两面无毛或在背面脉上疏生柔毛；掌状脉5～7，两面隆起，脉上部分叉；叶柄长1.5～27.0厘米，无毛或上部有柔毛，基部叶鞘透明，膜质。

植物应用 全草可入药，味苦、辛，性寒，具有清热利湿、解毒消肿之功效，常用于湿热黄疸、中暑腹泻、石淋血淋、痈肿疮毒、跌扑损伤。

积雪草中药

性喜温暖潮湿，栽培处以半日照或遮阴处为佳，忌阳光直射

茎匍匐，细长，节上生根

梨

•科名 / 蔷薇科 •属名 / 梨属
•别名 / 梨树

Pyrus spp. 种类 落叶乔木

树高：5～8米	叶序：单叶簇生	叶形：卵形或椭圆卵形

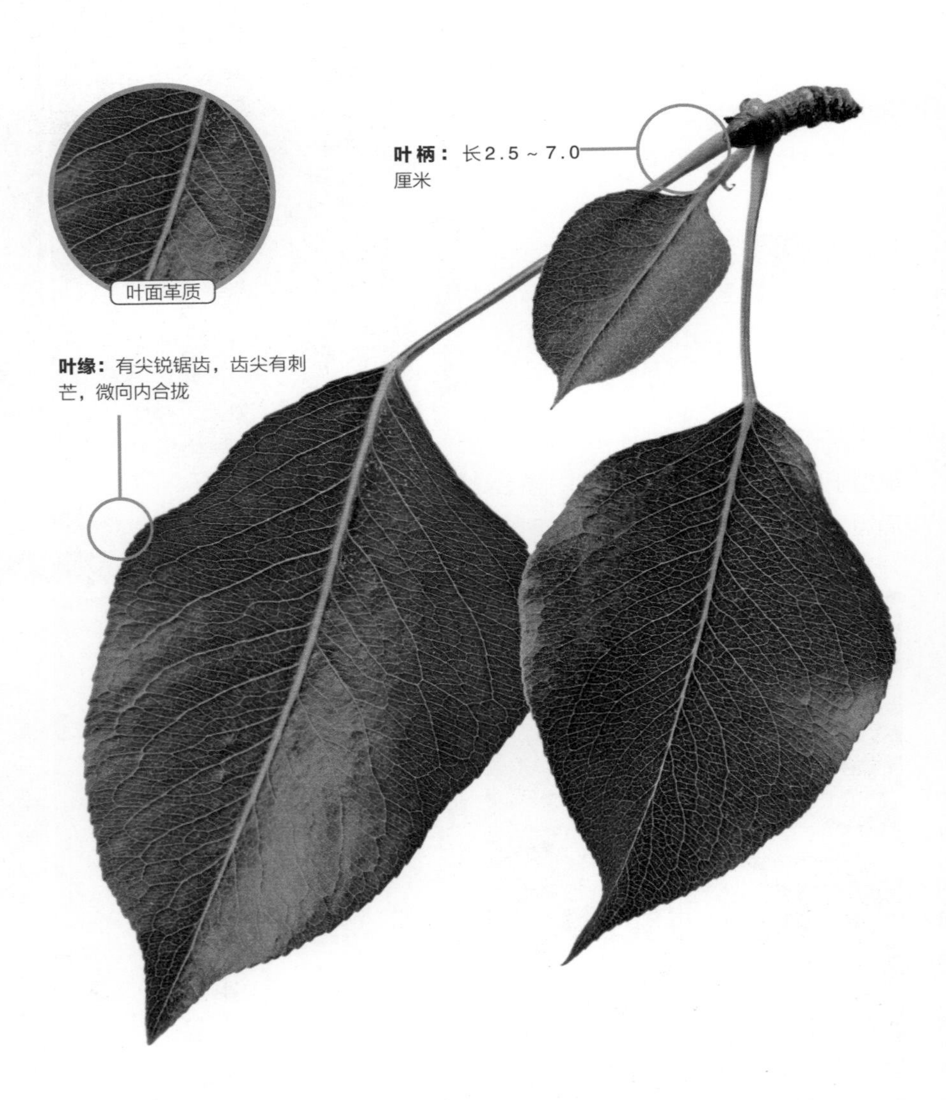

叶子特征 叶片卵形或椭圆卵形，长5～11厘米，宽3.5～6.0厘米，先端渐尖少急尖，基部宽楔形，少近圆形，边缘有尖锐锯齿，齿尖有刺芒，微向内合拢，嫩时紫红绿色，两面均有茸毛，不久脱落，老叶无毛；叶柄长2.5～7.0厘米，嫩时密被茸毛，不久脱落；托叶膜质，线形至线状披针形，先端渐尖，边缘具有腺齿，长1.0～1.3厘米，外面有少疏柔毛，内面较密，早落。

植物应用 梨树是我国重要的经济水果树，主产区主要集中在北方。梨果除生食外，还可制成梨膏，均有清火润肺的功效。梨树也可在园林中孤植于庭院，或丛植于开阔地、亭台周边、溪谷口、小河桥头，开花时一片洁白，特别引人注目。

梨树寿命长，经济利用年限久，中国南北各地梨区，100～150年生的大树很多，枝叶繁茂，结果累累

梨的果实通常用来食用，不仅味美汁多，甜中带酸，而且营养丰富，含有多种维生素和纤维素，不同种类的梨味道和质感完全不同

花为白色，或略带黄色、粉红色，有五瓣

裂叶榆

•科名 / 榆科　•属名 / 榆属

•别名 / 青榆、大青榆、麻榆、大叶榆、粘榆、尖尖榆

Ulmus laciniata (Trautv.)mayr.　种类 落叶乔木

树高：27米	叶序：单叶互生	叶形：倒卵形、倒三角状、倒三角状椭圆形

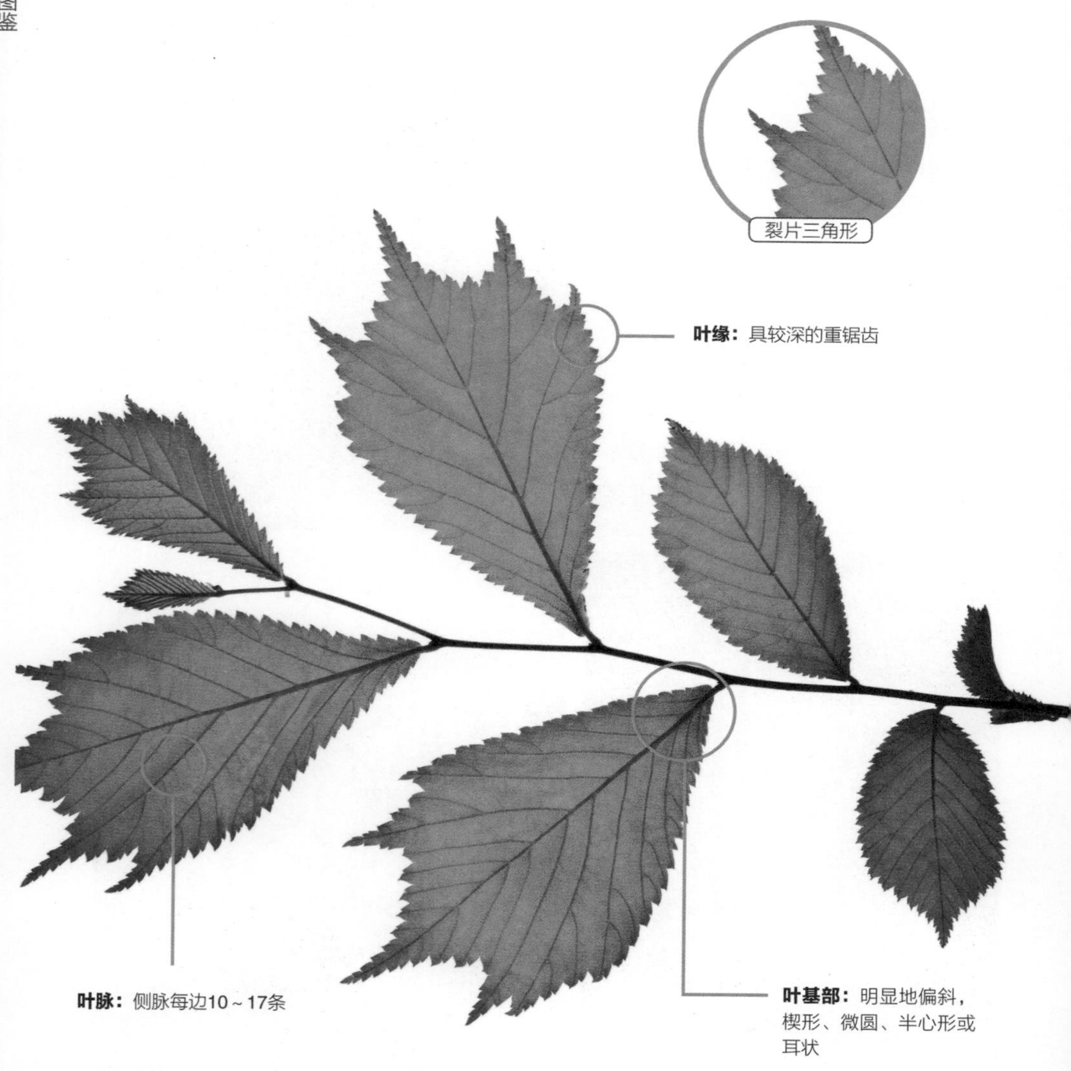

叶子特征 叶倒卵形、倒三角状、倒三角状椭圆形或倒卵状长圆形，长7～18厘米，宽4～14厘米，先端通常3～7裂，裂片三角形，渐尖或尾状，不裂之叶先端具或长或短的尾状尖头，基部明显地偏斜，楔形、微圆、半心形或耳状，较长的一边常覆盖叶柄，与柄近等长，其下端常接触枝条，边缘具较深的重锯齿，叶面密生硬毛，粗糙，叶背被柔毛，沿叶脉较密，脉腋常有簇生毛，侧脉每边10～17条，叶柄极短，长2～5毫米，密被短毛或下面的毛较少。

树皮淡灰褐色或灰色，浅纵裂，裂片较短，常翘起，表面常呈薄片状剥落

植物应用 裂叶榆的材质好，质量及硬度适中，可供家具、车辆、器具、造船及室内装修等用材。其次，树形漂亮、裂叶深绿色，备受人们喜爱，是很好的绿化树种。

褐色树叶

翅果椭圆形或长圆状椭圆形，除顶端凹缺柱头面被毛外，余处无毛

麻栎

• 科名 / 壳斗科 • 属名 / 栎属
• 别名 / 栎、橡碗树

Quercus acutissima Carruth. 种类 落叶乔木

树高：30米	叶序：单叶互生	叶形：长椭圆状披针形

叶子特征 叶片形态多样，通常为长椭圆状披针形，长8～19厘米，宽2～6厘米，顶端长渐尖，基部圆形或宽楔形，叶缘有刺芒状锯齿，叶片两面同色，幼时被柔毛，老时无毛或叶背面脉上有柔毛，侧脉每边13～18条；叶柄长1～3厘米，幼时被柔毛，后渐脱落。

植物应用 树形高大，树冠伸展，浓阴葱郁，因其根系发达，适应性强，可作庭荫树、行道树，若与枫香、苦槠、青冈栎等混植，可构成城市风景林，抗火、抗烟能力较强，也是营造防风林、防火林、水源涵养林的乡土树种。本种对二氧化硫的抗性和吸收能力较强，对氯气、氟化氢的抗性也较强。木材坚硬，不变形，耐腐蚀，做建筑、枕木、车船、家具用材。

坚果卵形或椭圆形，顶端圆形，果脐凸起

树皮深灰褐色，深纵裂

雄花序常数个集生于当年生枝下部叶腋，有花1～3朵

梅

•科名 / 蔷薇科　•属名 / 杏属
•别名 / 梅树、梅花

Armeniaca mume Sieb.　种类 小乔木，稀灌木

树高：2米	叶序：单叶互生	叶形：卵形或椭圆形

叶子特征 叶片卵形或椭圆形，长4～8厘米，宽2.5～5.0厘米，先端尾尖，基部宽楔形至圆形，叶边常具小锐锯齿，灰绿色，幼嫩时两面被短柔毛，成长时逐渐脱落，或仅下面脉腋间具短柔毛；叶柄长1～2厘米，幼时具毛，老时脱落，常有腺体。

植物应用 变种和品种极多，可分花梅及果梅两类。花梅主要供观赏。果梅其果实主要做加工或药用，一般加工制成各种蜜饯和果酱；用青梅加工制成乌梅供药用，为收敛剂，能治痢疾，并有镇咳、祛痰、解热、杀虫等功效，又为提取枸橼酸的原料；花蕾能开胃散郁、生津化痰、活血解毒；根可治胆囊炎。该种植物对氟化氢污染敏感，可以用来监测大气氟化物污染。

梅是中国特有的传统花果，已有3000多年的应用历史

观赏梅花的兴起，大致始自汉初

果实近球形，直径2～3厘米，黄色或绿白色，被柔毛，味酸

柠檬

- 科名 / 芸香科　• 属名 / 柑橘属
- 别名 / 柠果、洋柠檬、益母果、益母子

Citrus limon (L.)Burm.f.　种类 常绿小乔木

树高：5~8米	叶序：单叶互生	叶形：卵形或椭圆形

叶子特征 嫩叶及花芽暗紫红色，翼叶宽或狭，或仅具痕迹；叶片厚纸质，卵形或椭圆形，长8～14厘米，宽4～6厘米，顶部通常短尖，边缘有明显钝裂齿。

植物应用 柠檬富含维生素C、糖类、钙、磷、铁、维生素B_1、维生素B_2、烟酸、奎宁酸、柠檬酸、苹果酸、橙皮苷、柚皮苷、香豆精、高量钾元素和低量钠元素等，对人体十分有益。

果椭圆形或卵形，两端狭，顶部通常较狭长并有乳头状突尖，果皮厚，通常粗糙

柠檬黄色，难剥离，富含柠檬香气的油点，瓢囊8～11瓣，汁胞淡黄色，果汁酸

花萼杯状，4～5浅齿裂；花瓣长1.5～2.0厘米，外面淡紫红色，内面白色

爬山虎

•科名 / 葡萄科 •属名 / 地锦属

•别名 / 爬墙虎、地锦、飞天蜈蚣、红丝草、巴山虎

Parthenocissus tricuspidata (S. et Z.) Planch.　　种类 落叶藤本

树高：18米　叶序：单叶互生　叶形：宽卵形，常3裂

叶基部：心形

叶缘：有粗锯齿

叶子特征 叶互生，小叶肥厚，基部楔形，变异很大，边缘有粗锯齿，叶片及叶脉对称。花枝上的叶宽卵形，长8～18厘米，宽6～16厘米，常3裂，或下部枝上的叶分裂成3小叶，基部心形。叶绿色，无毛，背面具有白粉，叶背叶脉处有柔毛，秋季变为鲜红色。幼枝上的叶较小，常不分裂。

爬山虎绿叶

植物应用 爬山虎是垂直绿化的优选植物。垂直绿化又称攀缘绿化，是利用攀缘植物向建筑物或棚架攀附生长的一种绿化方式。爬山虎是最常见也是最理想的攀缘植物，它依靠吸盘沿着墙壁往上爬。种植的时间长了，密集的绿叶覆盖建筑物的外墙，就像穿上了绿装。

爬山虎景观

爬山虎藤蔓攀缘在墙壁上

苹果

•科名 / 蔷薇科　•属名 / 苹果属
•别名 / 苹果树、西洋苹果

Malus pumila Mill.　种类　落叶乔木

树高：15米	叶序：单叶簇生	叶形：椭圆形、卵形至宽椭圆形

叶子特征 叶片椭圆形、卵形至宽椭圆形，长4.5～10.0厘米，宽3.0～5.5厘米，先端急尖，基部宽楔形或圆形，边缘具有圆钝锯齿，幼嫩时两面具短柔毛，长成后上面无毛；叶柄粗壮，长1.5～3.0厘米，被短柔毛；托叶草质，披针形，先端渐尖，全缘，密被短柔毛，早落。

植物应用 苹果是心血管的保护神，心脏病患者的健康水果，因为它不含饱和脂肪、胆固醇和钠。苹果汁有强大的杀灭传染性病毒的作用。吃较多苹果的人远比不吃或少吃苹果的人得感冒概率要低。所以，有的科学家和医师把苹果称为“全方位的健康水果”或“全科医生”。

苹果富含矿物质和维生素，为人们最常食用的水果之一

圆形树冠和短主干

花瓣倒卵形，长15～18毫米，基部具短爪，白色

葡萄

• 科名 / 葡萄科　• 属名 / 葡萄属
• 别名 / 蒲陶、草龙珠、赐紫樱桃、菩提子、山葫芦

Vitis vinifera L.　种类 落叶木质藤本

树高：1米以下	叶序：单叶互生	叶形：叶卵圆形，显著3～5浅裂或中裂

叶子特征 叶卵圆形，显著3~5浅裂或中裂，长7~18厘米，宽6~16厘米，中裂片顶端急尖，裂片常靠合，基部常缢缩，裂缺狭窄，间或宽阔，基部深心形，基缺凹成圆形，两侧常靠合，边缘有22~27个锯齿，齿深而粗大，不整齐，齿端急尖，上面绿色，下面浅绿色，无毛或被疏柔毛；基生脉5出，中脉有侧脉4~5对，网脉不明显凸出；叶柄长4~9厘米，几无毛；托叶早落。

植物应用 中医认为葡萄性平、味甘酸，入肺、脾、肾经，有补气血、益肝肾、生津液、强筋骨、止咳除烦、补益气血、通利小便的功效，具有极高的药用价值，已经成为世界性的重要营养兼药用水果。

圆锥花序密集或疏散，多花，与叶对生，基部分枝发达

葡萄是世界最古老的果树之一

葡萄果实成熟时由绿变酒红色

桑

• 科名 / 桑科 • 属名 / 桑属
• 别名 / 桑树、家桑

Morus alba L. 种类 落叶乔木

树高：3～10米 | 叶序：单叶互生 | 叶形：卵形至广卵形，有时有不规则的分裂

叶子特征 叶卵形或广卵形，长5～15厘米，宽5～12厘米，先端急尖、渐尖或圆钝，基部圆形至浅心形，边缘锯齿粗钝，有时也为各种分裂，表面鲜绿色，无毛，背面沿脉有疏毛，脉腋有簇毛；叶柄长1.5～5.5厘米，具柔毛；托叶披针形，早落，外面密被细硬毛。

植物应用 桑树树冠宽阔，树叶茂密，秋季叶色变黄，颇为美观，且能抗烟尘及有毒气体，适于城市、工矿区及农村绿化。适应性强，为良好的绿化及经济树种。

树皮厚，灰色，具不规则浅纵裂

聚花果卵状椭圆形，长1.0～2.5厘米，成熟时红色或暗紫色

雌雄异株，5月开花，葇荑花序

山茶

•科名 / 山茶科　•属名 / 山茶属

•别名 / 薮春、山椿、耐冬、晚山茶、茶花、洋茶

Camellia japonica L.　**种类** 常绿灌木或小乔木

树高：9米　叶序：单叶互生　叶形：椭圆形

叶子特征 叶革质，椭圆形，长5～10厘米，宽2.5～5.0厘米，先端略尖，或急短尖而有钝尖头，基部阔楔形，上面深绿色，干后发亮，无毛，下面浅绿色，无毛，侧脉7～8对，在上下两面均能见，边缘有相隔2.0～3.5厘米的细锯齿；叶柄长8～15毫米，无毛。

植物应用 山茶为中国的传统园林花木。山茶树冠多姿，叶色翠绿，花大艳丽，枝叶繁茂，四季常青，开花于冬末春初万花凋谢之时，尤为难得。山茶耐阴，江南地区配置于疏林边缘，生长最好；假山旁植可构成山石小景；亭台附近散点三五株，格外雅致；北方宜盆栽观赏，置于门厅入口、会议室、公共场所，都能取得良好效果。

山茶原产中国，四川、台湾、山东、江西等地有野生种

花大多数为红色或淡红色，亦有白色，多为重瓣

白花山茶品种

山梅花

• 科名 / 虎耳草科 • 属名 / 山梅花属
• 别名 / 毛叶木通、白毛山梅花

Philadelphus incanus Koehne 种类 落叶灌木

树高：1.5～3.5米 | 叶序：单叶对生 | 叶形：卵形或阔卵形

叶子特征 叶卵形或阔卵形，长6.0～12.5厘米，宽8～10厘米，先端急尖，基部圆形，花枝上叶较小，卵形、椭圆形至卵状披针形，长4.0～8.5厘米，宽3.5～6.0厘米，先端渐尖，基部阔楔形或近圆形，边缘具疏锯齿，上面被刚毛，下面密被白色长粗毛，叶脉离基出3～5条；叶柄长5～10毫米。

植物应用 花芳香、美丽，多朵聚集，花期较长，为优良的观赏花木，宜栽植于庭园、风景区，亦可做切花材料。宜丛植、片植于草坪、山坡、林缘地带，若与建筑、山石等配植效果也不错。

花冠盘状，直径2.5～3.0厘米，花瓣白色，卵形或近圆形，基部急狭

总状花序有花5～7朵，下部的分枝有时具叶

仙客来

•科名 / 报春花科 •属名 / 仙客来属
•别名 / 萝卜海棠、兔耳花、兔子花、一品冠、篝火花、翻瓣莲

Cyclamen persicum Mill. 种类 多年生草本

树高：1米以下 | 叶序：单叶簇生 | 叶形：心状卵圆形

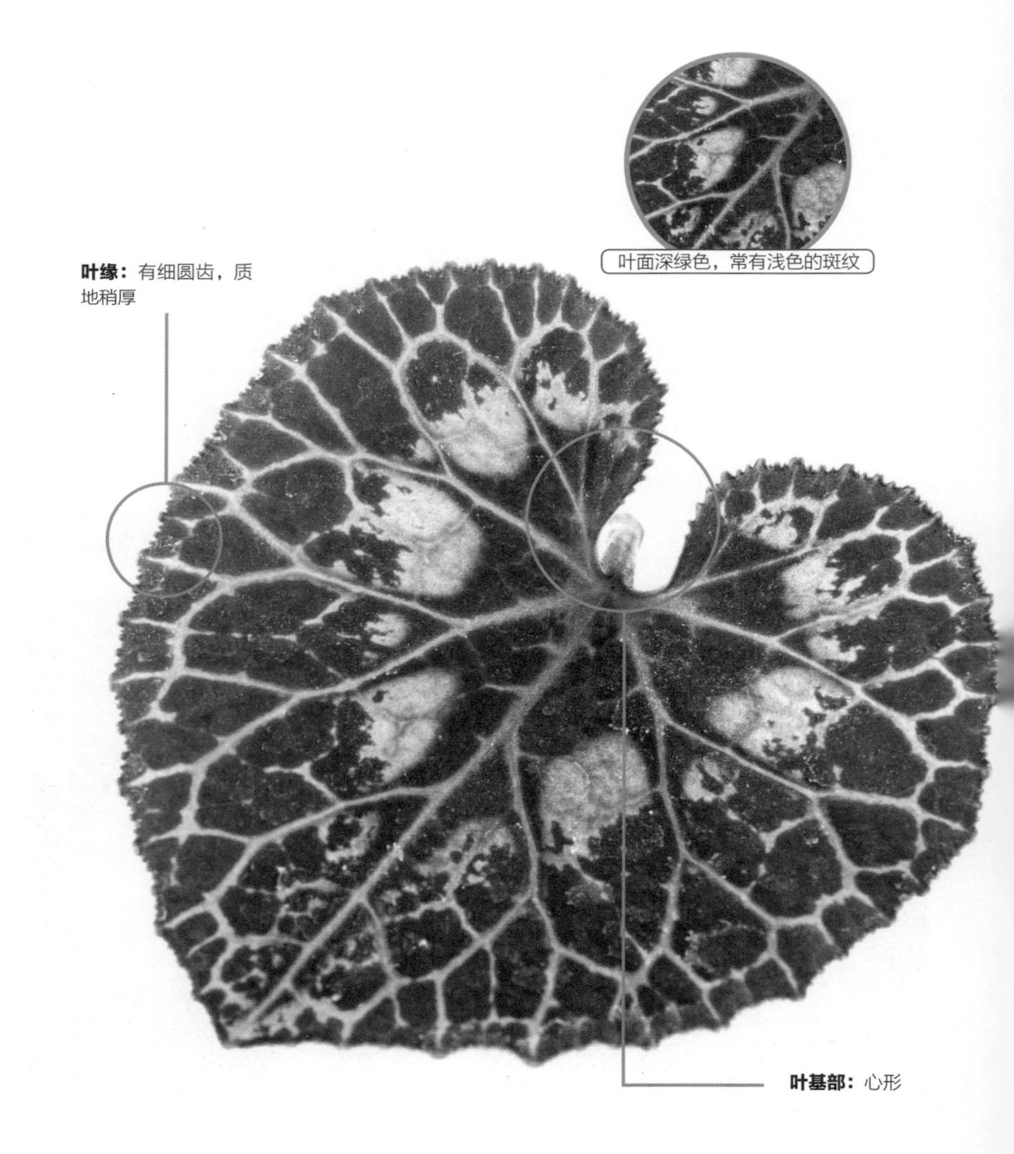

叶子特征 叶自块茎顶部抽出；叶柄长5～18厘米；叶片心状卵圆形，直径3～14厘米，先端稍锐尖，边缘有细圆齿，质地稍厚，上面深绿色，常有浅色的斑纹。

植物应用 仙客来花期长，可达5个月，花期适逢圣诞节、元旦、春节等传统节日，市场需求量巨大，生产价值高，经济效益显著。常用于室内花卉布置；并适合做切花，水养持久。仙客来还可用无土栽培的方法进行盆栽，清洁迷人，更适合家庭装饰。仙客来对空气中的有毒气体二氧化硫有较强的抵抗能力。它的叶片能吸收二氧化硫，并经过氧化作用将其转化为无毒或低毒的硫酸盐等物质。

仙客来是一种普遍种植的鲜花植物，适合种植于室内花盆

花冠白色或玫瑰红色，喉部深紫色，筒部近半球形

叶片心形，带花纹

樱桃

•科名 / 蔷薇科 •属名 / 樱属

•别名 / 车厘子、莺桃、荆桃、楔桃、英桃、牛桃、樱珠

Cerasus pseudocerasus (Lindl.) G. Don 种类 落叶乔木

树高：2～6米	叶序：单叶互生	叶形：卵形或长圆状卵形

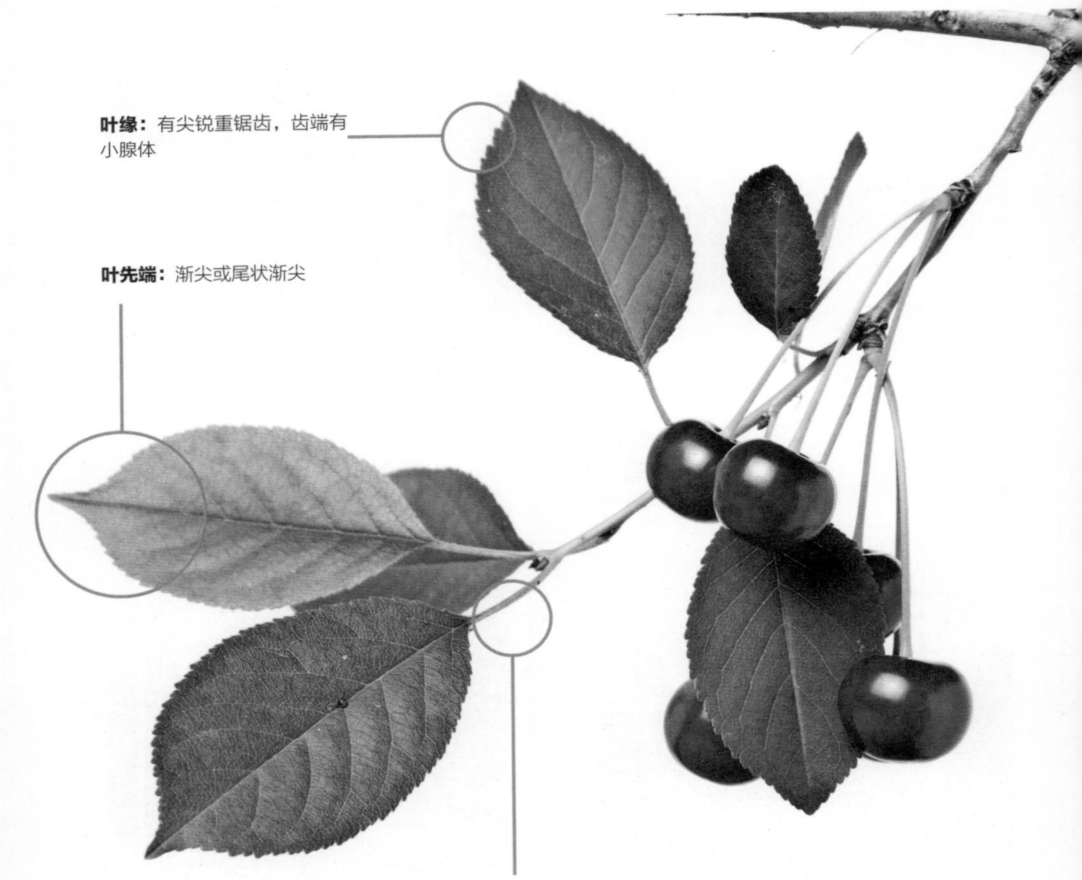

叶子特征 叶片卵形或长圆状卵形，长5～12厘米，宽3～5厘米，先端渐尖或尾状渐尖，基部圆形，边有尖锐重锯齿，齿端有小腺体，上面暗绿色，近无毛，下面淡绿色，沿脉或脉间有少疏柔毛，侧脉9～11对；叶柄长0.7～1.5厘米，被疏柔毛，先端有1或2个大腺体；托叶早落，披针形，有羽裂腺齿。

植物应用 樱桃可以缓解贫血。樱桃含铁量较高，每百克樱桃中含铁量多达59毫克，居于水果首位。铁是合成人体血红蛋白的原料，对于女性来说，有着极为重要的意义。世界卫生组织的调查表明，大约有50%的女童、20%的成年女性、40%的孕妇会发生缺铁性贫血。

樱桃是一种十分著名的开花树木，花序伞房状或近伞形，有花3～6朵，先叶开放

榆树

• 科名 / 榆科 • 属名 / 榆属
• 别名 / 白榆、家榆、钱榆

Ulmus pumila L. **种类** 落叶乔木

树高：25米	叶序：单叶互生	叶形：椭圆状卵形、长卵形

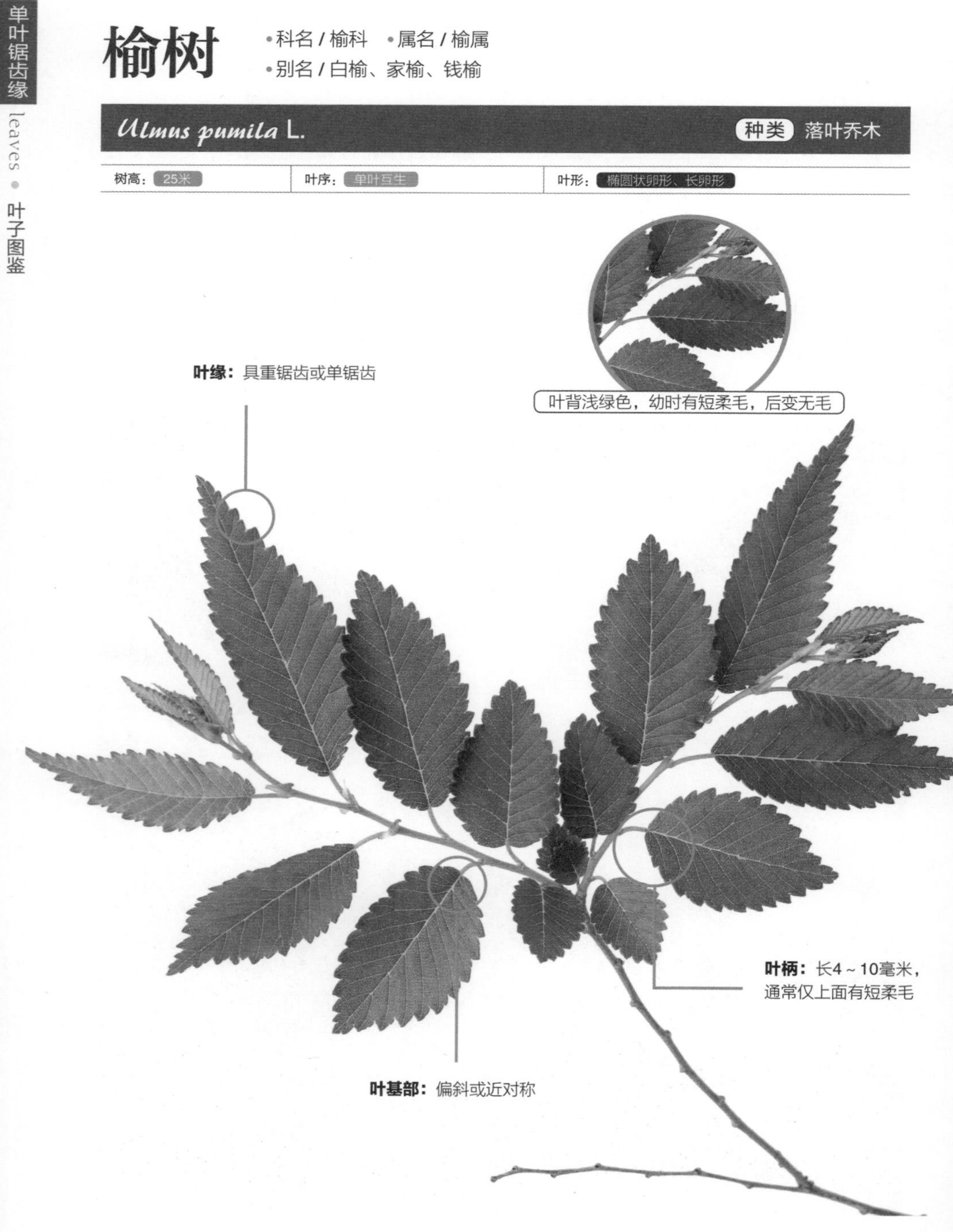

叶子特征 叶椭圆状卵形、长卵形、椭圆状披针形或卵状披针形，长2～8厘米，宽1.2～3.5厘米，先端渐尖或长渐尖，基部偏斜或近对称，一侧楔形至圆，另一侧圆至半心形，叶面平滑无毛，叶背幼时有短柔毛，后变无毛或部分脉腋有簇生毛，边缘具重锯齿或单锯齿，侧脉每边9～16条；叶柄长4～10毫米，通常仅上面有短柔毛。

植物应用 榆树树干通直，树形高大，绿荫较浓，适应性强，生长快，是城市绿化、行道树、庭荫树、工厂绿化、营造防护林的重要树种；在干瘠、严寒之地常呈灌木状，有用作绿篱者；在林业上也是营造防风林、水土保持林和盐碱地造林的主要树种之一。

分布于中国东北、华北、西北及西南各省区，朝鲜、俄罗斯、蒙古国也有分布

翅果少倒卵状圆形

皮暗灰色，不规则深纵裂，粗糙

樟

•科名 / 樟科 •属名 / 樟属
•别名 / 香樟、芳樟、油樟、樟木、乌樟、瑶人柴、栳樟、臭樟

Cinnamomum camphora (L.)Presl. 种类 常绿大乔木

树高：30米	叶序：单叶互生	叶形：卵状椭圆形

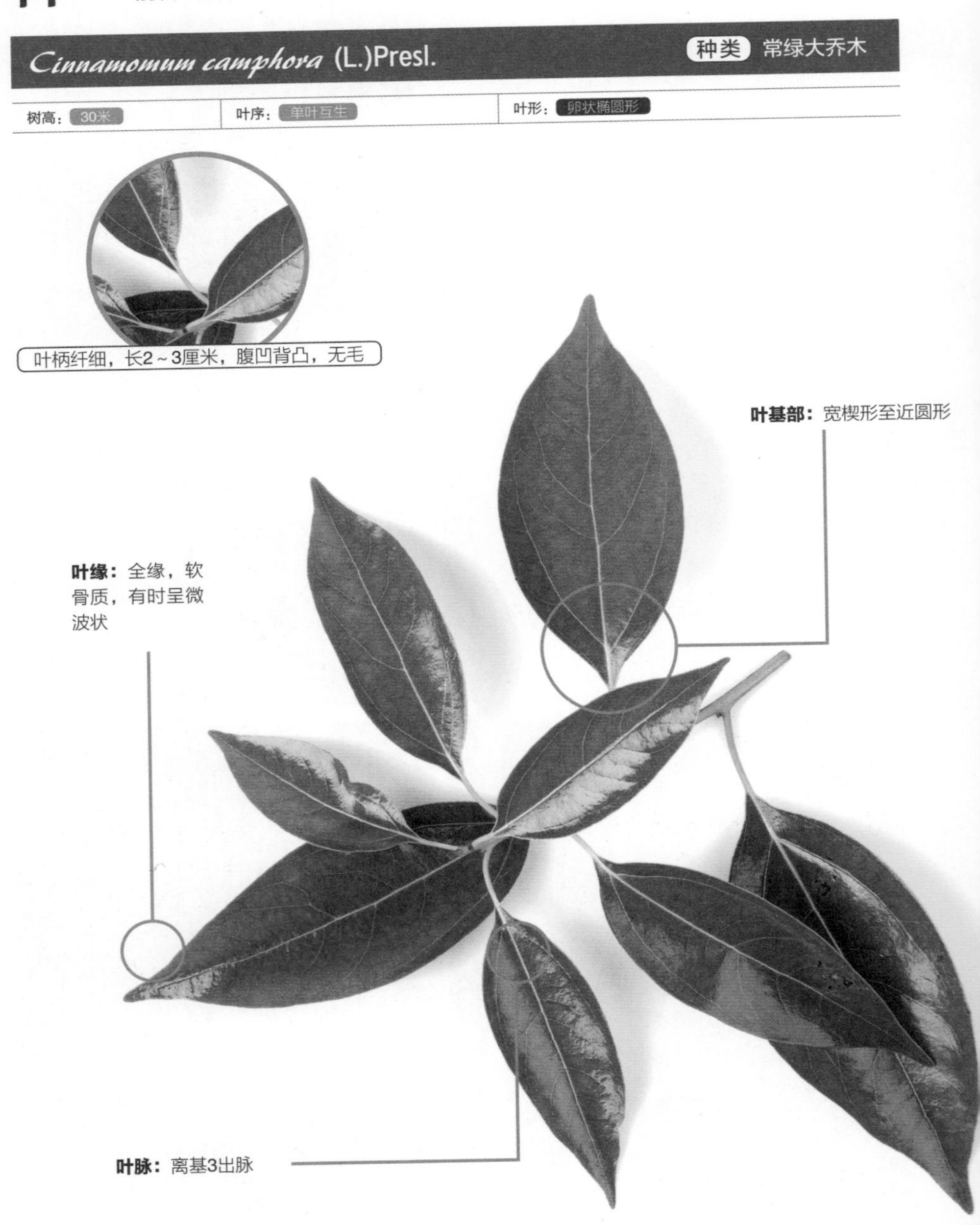

叶子特征 叶互生，卵状椭圆形，长6～12厘米，宽2.5～5.5厘米，先端急尖，基部宽楔形至近圆形，边缘全缘，软骨质，有时呈微波状，具离基3出脉，有时过渡到基部具不显的5脉，中脉两面明显，上部每边有侧脉3～5条；基生侧脉向叶缘一侧有少数支脉，侧脉及支脉脉腋上面明显隆起，下面有明显腺窝，窝内常被柔毛；叶柄纤细，长2～3厘米，腹凹背凸，无毛。

植物应用 樟树名称之由来，《本草纲目》解释为"其木理多文章，故谓之樟"，可能与文章致仕有关，故现存古树极多。樟树具辟邪、长寿、庇福及吉祥等寓意。樟树树形端庄，非常适合做行道树。

樟树是江南民间及寺庙喜种的传统风水树和景观树，古时即有"前樟后朴"之种植习俗

树皮黄褐色，有不规则的纵裂

圆锥花序腋生，长3.5～7.0厘米，具梗，总梗长2.5～4.5厘米

中华天胡荽

•科名 / 伞形科 •属名 / 天胡荽属
•别名 / 地弹花、铜钱草

Hydrocotyle chinensis (Dunn)Craib **种类** 多年生草本

树高：8～37厘米	叶序：单叶簇生	叶形：圆肾形

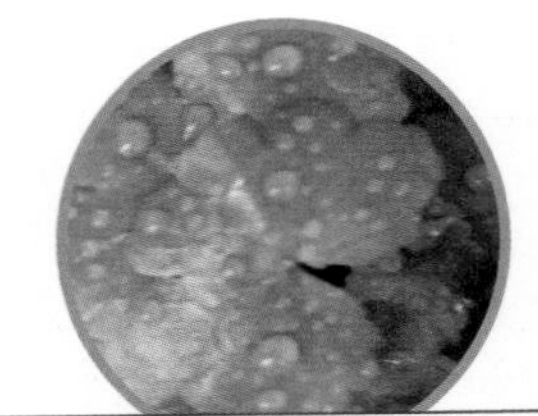

掌状5～7浅裂；裂片阔卵形或近三角形

叶缘：有不规则的锐锯齿或钝齿

叶脉：呈辐射状

叶子特征 叶片薄，圆肾形，长2.5～7.0厘米，宽3～8厘米，叶表面深绿色，背面淡绿色，掌状5～7浅裂；裂片呈阔卵形或近三角形，边缘有不规则的锐锯齿或钝齿，基部心形；叶柄长4～23厘米；托叶膜质，卵圆形或阔卵形。

植物应用 全草入药，镇痛、清热、利湿，有治腹痛、小便不利、湿疹等功效。另外，因为中华天胡荽可爱的叶形并且生长迅速，蔓性生长，室内栽培简单，现在已经成为主流的室内绿植之一。

野生分布于湖南、四川、云南等省区；生长在海拔1060～2900米的河沟边及阴湿的路旁草地

朱槿

•科名 / 锦葵科　•属名 / 木槿属

•别名 / 扶桑、赤槿、佛桑、红木槿、桑槿、大红花、状元红

Hibiscus rosa-sinensis Linn.　种类　常绿灌木

树高：1～3米	叶序：单叶互生	叶形：阔卵形或狭卵形

叶子特征 叶阔卵形或狭卵形，长4～9厘米，宽25厘米，先端渐尖，基部圆形或楔形，边缘具粗齿或缺刻，两面除背面沿脉上有少许疏毛外均无毛；叶柄长5～20毫米，上面被长柔毛；托叶线形，长5～12毫米，被毛。

植物应用 朱槿为美丽的观赏花木，花大色艳，花期长，除红色外，还有粉红、橙黄、黄、粉边红心及白色等不同品种；除单瓣外，还有重瓣品种，常被用于路边绿化及公园布景等。此外，盆栽朱槿还是节日期间布置公园、花坛、宾馆、会场及家庭养花的最好花木之一。

由于花色大多为红色，所以中国岭南一带将之俗称为大红花

矮化品种作为盆栽栽培

朱槿花为广西首府南宁市市花

紫椴

• 科名 / 椴树科 • 属名 / 椴树属
• 别名 / 阿穆尔椴、籽椴、小叶椴、椴树

Tilia amurensis Rupr. 种类 落叶乔木

树高：20～30米	叶序：单叶互生	叶形：阔卵形或卵圆形

叶子特征 叶阔卵形或卵圆形，长4.5 ~ 6.0厘米，宽4.0 ~ 5.5厘米，先端急尖或渐尖，基部心形，有时斜截形，上面无毛，下面浅绿色，脉腋内有毛丛，侧脉4 ~ 5对，边缘有锯齿，齿尖凸出1毫米；叶柄长2.0 ~ 3.5厘米，纤细，无毛。

植物应用 椴树蜜是蜜蜂从椴树花中采集的，气味芳香馥郁，味道甜润适口，较易结晶，结晶后为细腻洁白的油脂状，为一等蜜，群众称为特级蜜，深受国内外消费者欢迎。另外，紫椴也常用于行道树。

落叶乔木，高可达20 ~ 30米

其花入药，是蜜源植物

果球形或椭圆形，可榨油

榉树

• 科名 / 榆科 • 属名 / 榉属

• 别名 / 大叶榉、血榉、鸡油榉

Zelkova serrata Linn. 种类 落叶乔木

树高：30米	叶序：奇数羽状复叶	叶形：卵形、椭圆形或卵状披针形

叶子特征 叶薄纸质至厚纸质，卵形、椭圆形或卵状披针形，先端渐尖或尾状渐尖，基部有的稍偏斜，圆形或浅心形，少宽楔形，叶面绿，幼时疏生糙毛，后脱落变平滑，叶背浅绿，幼时被短柔毛，后脱落或仅沿主脉两侧残留有少疏的柔毛，边缘有圆齿状锯齿，具短尖头，侧脉7～14对；叶柄粗短，被短柔毛；托叶膜质，紫褐色，披针形。

国家二级重点保护植物

植物应用 榉树树姿端庄，高大雄伟，秋叶变成褐红色，是观赏秋叶的优良树种。可孤植、丛植公园和广场的草坪、建筑旁做庭阴树；与常绿树种混植做风景林；列植人行道、公路旁做行道树，降噪防尘。榉树侧枝萌发能力强，在其主干截干后，可以形成大量的侧枝，是制作盆景的上佳植物材料，将其脱盆或连盆种植于园林中或与假山、景石搭配，均能提高其观赏价值。

榉树树姿端庄，高大雄伟，秋叶变成褐红色，是观赏秋叶的优良树种

桉

• 科名 / 桃金娘科 • 属名 / 桉属
• 别名 / 桉树、大叶桉、大叶有加利

Eucalyptus robusta Smith

种类 常绿乔木

树高：20米	叶序：单叶互生	叶形：卵状披针形

叶脉： 侧脉多而明显，以80°开角缓斜走向边缘，两面均有腺点

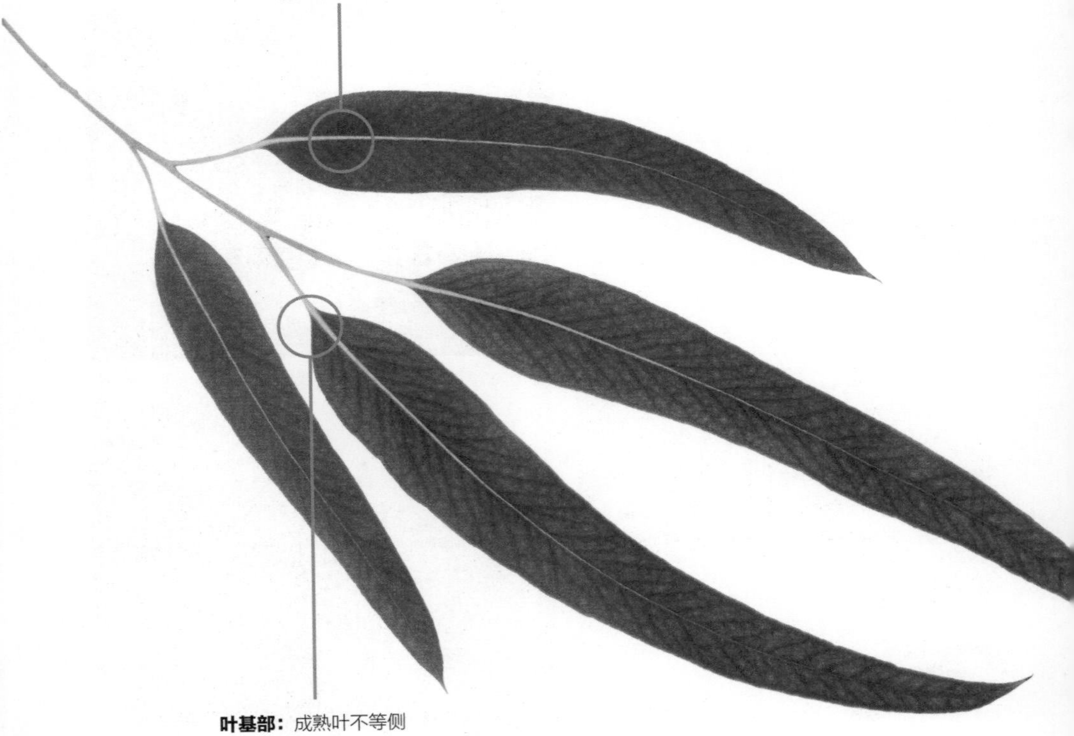

叶基部： 成熟叶不等侧

叶子特征 幼态叶对生，叶片厚革质，卵形，长11厘米，宽达7厘米，有柄；成熟叶卵状披针形，厚革质，不等侧，长8～17厘米，宽3～7厘米，侧脉多而明显，以80°开角缓斜走向边缘，两面均有腺点，边脉离边缘1.0～1.5毫米。叶柄长1.5～2.5厘米。

植物应用 叶供药用，有驱风镇痛功效。桉树的纤维平均长度0.75～1.30毫米，许多大型的造纸厂用桉树制造牛皮纸和打印纸。桉树木材材质较重且较坚硬，抗腐能力强，可用于建筑、枕木、矿柱、桩木、家具、火柴、农具、电杆、围栏等。

密阴大乔木，高20米

伞形花序粗大，有花4～8朵

树皮宿存，深褐色，厚2厘米，稍软松，有不规则斜裂沟

变叶木

•科名 / 大戟科 •属名 / 变叶木属
•别名 / 变色月桂、洒金榕

Codiaeum variegatum (L.)A.Juss. 种类 常绿灌木或小乔木

树高：2米	叶序：单叶互生	叶形：形状大小变异很大

叶缘： 全缘，或浅裂至深裂

叶基部： 楔形、短尖至钝

叶子特征 叶薄革质，形状大小变异很大，线形、线状披针形、长圆形、椭圆形、披针形、卵形、匙形、提琴形至倒卵形，有时由长的中脉把叶片间断成上下两片。叶片长5～30厘米，宽0.5～8.0厘米，顶端短尖、渐尖至圆钝，基部楔形、短尖至钝，边全缘、浅裂至深裂，两面无毛，绿色、淡绿色、紫红色、紫红与黄色相间、黄色与绿色相间，或有时在绿色叶片上散生黄色或金黄色斑点或斑纹；叶柄长0.2～2.5厘米。

植物应用 变叶木枝叶密生，是著名的观叶树种，华南可用于园林造景，适于路旁、墙隅、石间丛植，也可植为绿篱或基础种植材料。北方常见盆栽，用于点缀案头、布置会场、装饰厅堂。

变叶木叶子形态之一

变叶木枝叶密生，是著名的观叶树种，华南可用于园林造景

叶汁有毒，人畜误食叶或叶汁，会产生腹痛、腹泻等中毒症状

波罗蜜

• 科名 / 桑科 • 属名 / 波罗蜜属
• 别名 / 木波罗、树波罗

Artocarpus heterophyllus Lam. 种类 常绿乔木

树高：10～20米	叶序：单叶互生	叶形：椭圆形或倒卵形

叶子特征 叶革质，螺旋状排列，椭圆形或倒卵形，长7～15厘米或更长，宽3～7厘米，先端钝或渐尖，基部楔形，成熟的叶全缘，或在幼树和萌发枝上的叶常分裂，表面墨绿色，干后浅绿或淡褐色，无毛，有光泽，背面浅绿色，略粗糙，侧脉羽状，每边6～8条，中脉在背面显著凸起；叶柄长1～3厘米。

波罗蜜是热带水果，也是世界上最重的水果，一般重达5～20千克，最重超过59千克

植物应用 波罗蜜是热带水果，也是世界上最重的水果，一般重达5～20千克，最重超过59千克。果肉鲜食或加工成罐头、果脯、果汁。种子富含淀粉，可煮食。树液和叶药用，消肿解毒；果肉有止渴、通乳、补中益气功效。波罗蜜树形整齐，冠大荫浓，果奇特，是优美的庭荫树和行道树。

果核长椭圆形，长约3厘米，直径1.5～2.0厘米

檫木

•科名 / 樟科 •属名 / 檫木属

•别名 / 檫树、南树、山檫、青檫、桐梓树、梨火哄、梓木、黄楸树、刷木

Sassafras tzumu (Hemsl.)Hemsl.

种类 落叶乔木

树高：35米	叶序：单叶互生	叶形：卵形或倒卵形

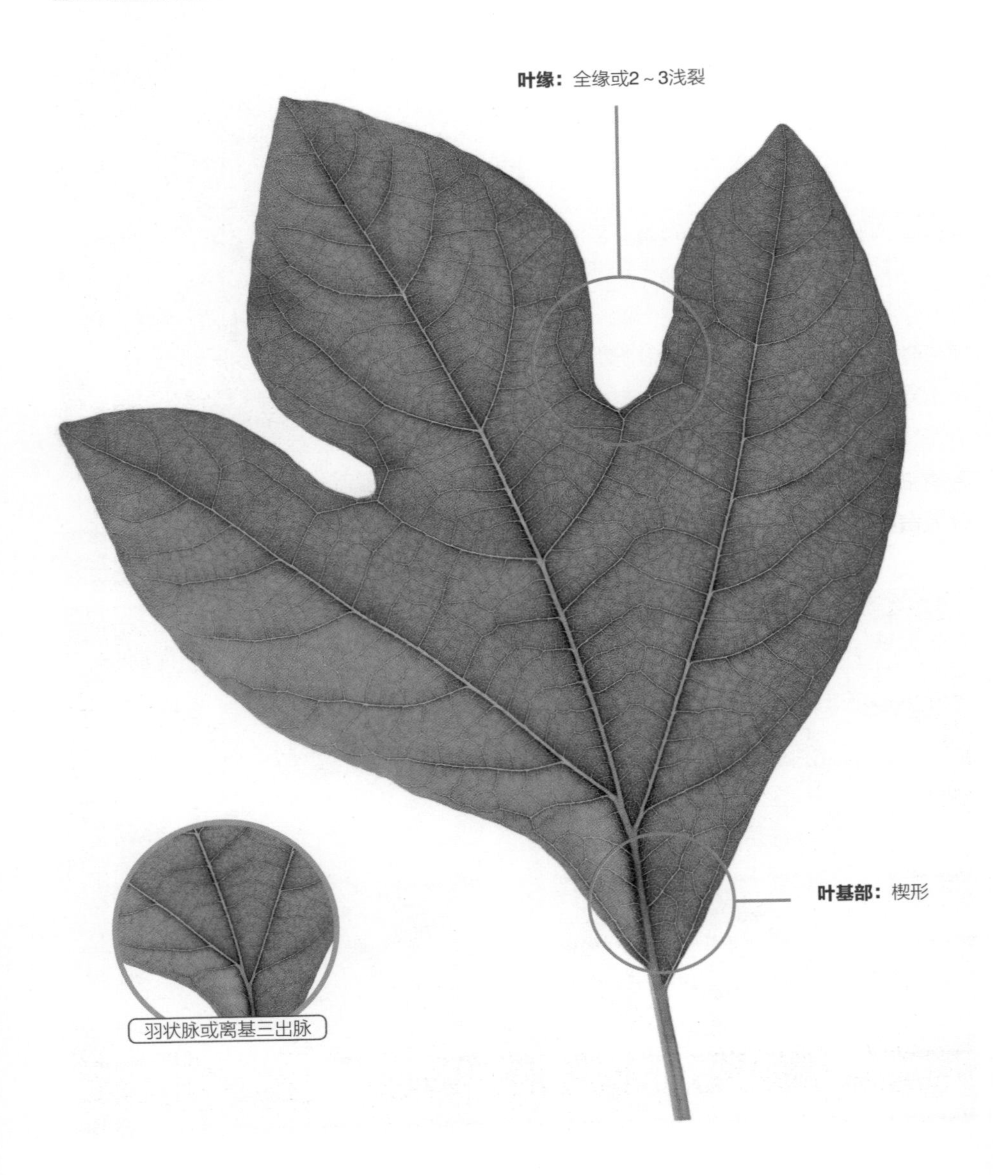

叶子特征 叶互生，聚集于枝顶，卵形或倒卵形，长9～18厘米，宽6～10厘米，先端渐尖，基部楔形，全缘或2～3浅裂，裂片先端略钝，坚纸质，羽状脉或离基三出脉，中脉、侧脉及支脉两面稍明显，最下方一对侧脉对生，十分发达，向叶缘一方生出多数支脉，支脉向叶缘弧状网结；叶柄纤细，长2～7厘米，鲜时常带红色，腹平背凸，无毛或略被短硬毛。

植物应用 木材浅黄色，材质优良、细致、耐久，用于制造船、水车及上等家具。树皮及叶入药，有祛风逐湿、活血散瘀之效。果、叶和根含芳香油，根含油1%以上，油主要成分为黄樟油素，主要用于制造油漆。

檫树喜温暖湿润、雨量充沛，年平均温度为12～20℃，海拔800米以下的向阳山坡

叶子秋后变黄

花序顶生，先叶开放，长4～5厘米，多花，具梗

常春藤

• 科名 / 五加科　• 属名 / 常春藤属
• 别名 / 土鼓藤、钻天风、三角风、散骨风、枫荷梨藤、中华常春藤

Hedera nepalensis K.Koch var.sinensis(Tobl.)Rehd.　种类 常绿攀缘灌木

树高：茎长3～20米	叶序：单叶互生	叶形：三角状卵形或三角状长圆形

叶子特征 叶片革质，在不育枝上通常为三角状卵形或三角状长圆形，少三角形或箭形，长5～12厘米，宽3～10厘米，先端短渐尖，基部截形，少心形，边缘全缘或3裂，上面深绿色，有光泽，下面淡绿色或淡黄绿色，无毛或疏生鳞片，侧脉和网脉两面均明显；叶柄细长，长2～9厘米，有鳞片，无托叶。

植物应用 在庭院中可用以攀缘假山、岩石，或在建筑阴面做垂直绿化材料，也可盆栽供室内绿化观赏用。常春藤绿化中已得到广泛应用，尤其在立体绿化中发挥着举足轻重的作用。它不仅可达到绿化、美化效果，同时也发挥着增氧、降温、减尘、降噪等作用，是藤本类绿化植物中用得最多的材料之一。

自然附着垂直或覆盖生长，起到装饰美化环境的效果

盆栽时，以中小盆栽为主，可进行多种造形，在室内陈设

伞形花序单个顶生，花淡黄白色或淡绿白色，花药紫色；花盘隆起，黄色

刺果番荔枝

• 科名 / 番荔枝科 • 属名 / 番荔枝属
• 别名 / 红毛榴莲

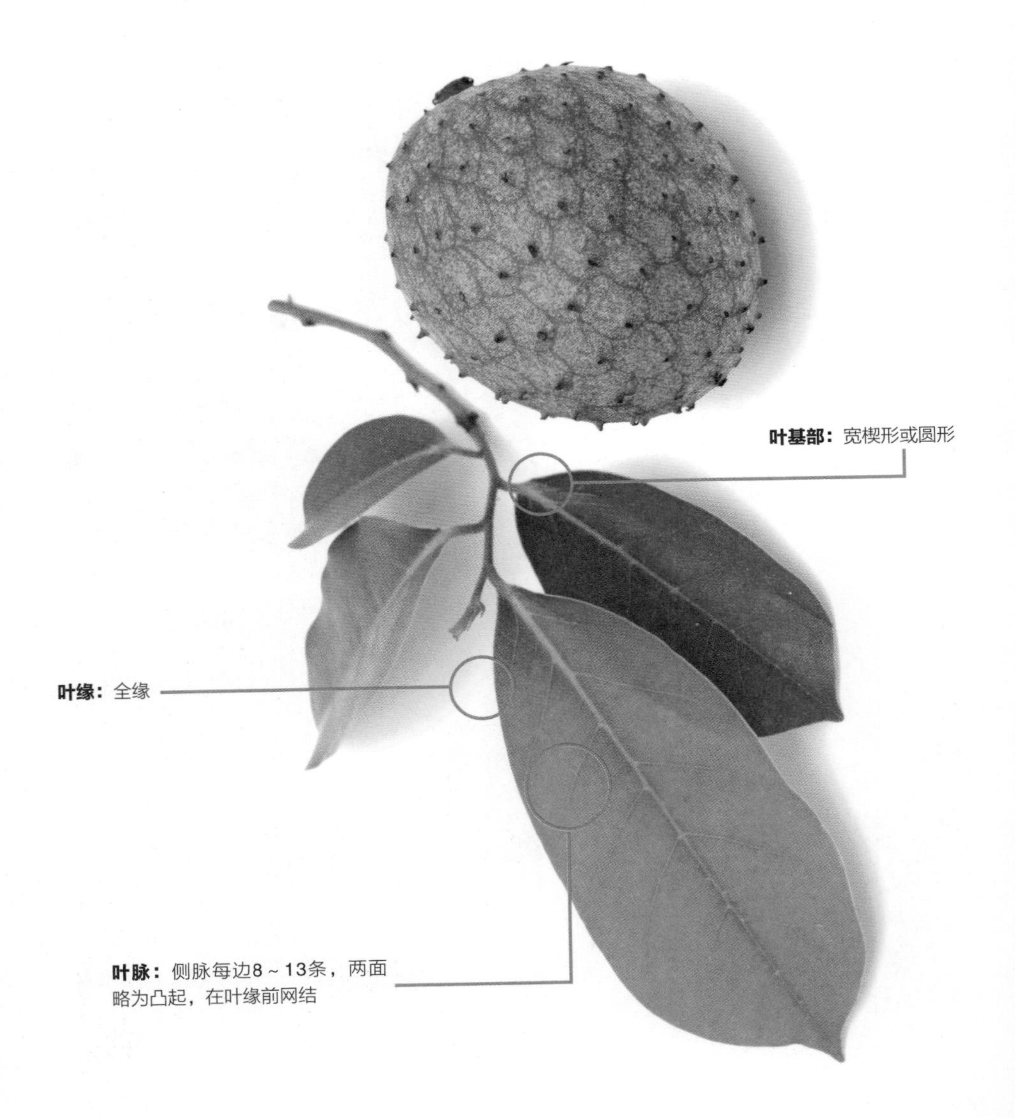

叶子特征 叶纸质，倒卵状长圆形至椭圆形，长5～18厘米，宽2～7厘米，顶端急尖或钝，基部宽楔形或圆形，叶面翠绿色而有光泽，叶背浅绿色，两面无毛；侧脉每边8～13条，两面略为凸起，在叶缘前网结。

植物应用 刺果番荔枝是一种可以预防癌症的特色水果，它的营养成分可以阻止癌细胞的生成，这种说法早在二十多年前就得到了科学家的证实，据说刺果番荔枝的提取物对二十多种癌症的癌细胞都有抑制和控制生成的作用。另外，刺果番荔枝对人体内部的寄生虫还有很强的消杀作用，对以蛔虫为首的寄生虫病有很好的治疗功效。

原产热带美洲，现亚洲热带地区也有栽培。果实硕大而有酸甜味，可食用，木材可作造船材

鹅掌楸

• 科名 / 木兰科 • 属名 / 鹅掌楸属
• 别名 / 马褂木、双飘树

Liriodendron chinensis (Hemsl.)Sargent 种类 落叶乔木

树高：40米	叶序：单叶互生	叶形：马褂状

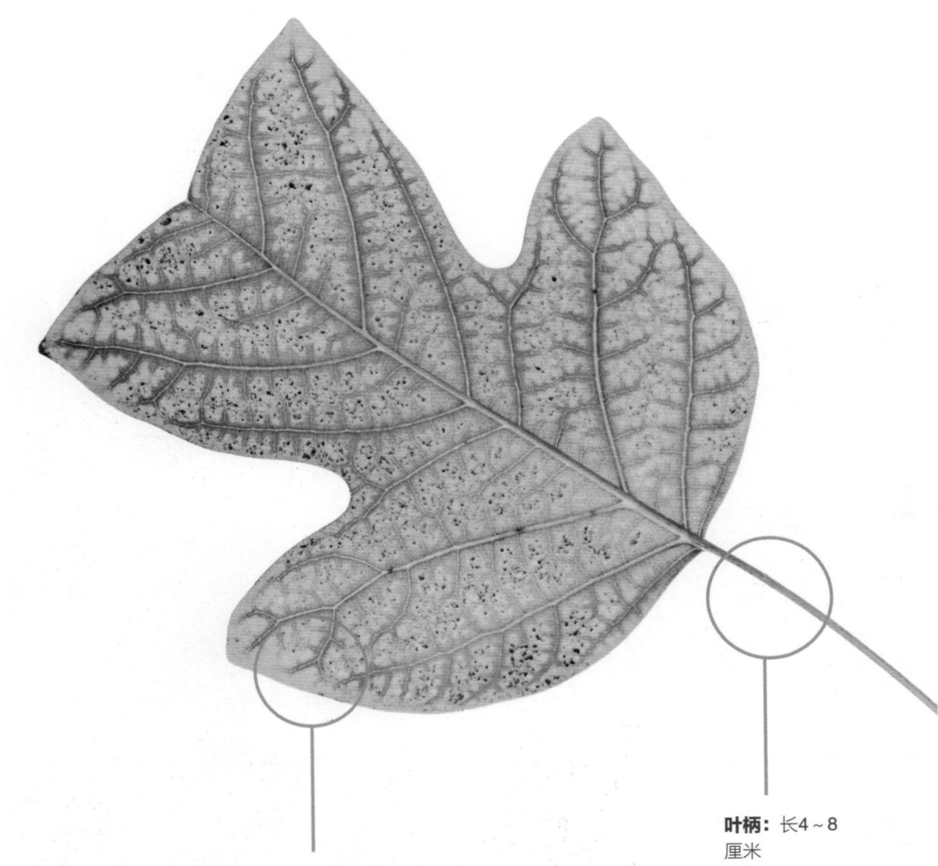

叶柄： 长4～8厘米

叶缘： 近基部每边具1侧裂片，先端具2浅裂叶脉

叶子特征 叶马褂状，长4～12厘米，近基部每边具1侧裂片，先端具2浅裂，叶背面苍白色，叶柄长4～8厘米。

植物应用 鹅掌楸树形雄伟，叶形奇特，花大而美丽，为世界珍贵树种之一。17世纪从北美引种到英国，其黄色花朵形似杯状的郁金香，故欧洲人称之为“郁金香树”，是城市中极佳的行道树、庭荫树种，无论丛植、列植或片植于草坪与公园入口处，均有独特的景观效果，对有害气体的抵抗性较强，也是工矿区绿化的优良树种之一。

乔木，高达40米，胸径1米以上

花杯状，花瓣倒卵形，长3～4厘米，绿色，具黄色纵条纹

鹅掌楸树形雄伟，叶形奇特，花大而美丽，为世界珍贵树种之一

柑橘

•科名 / 芸香科 •属名 / 柑橘属
•别名 / 芦柑、温州蜜柑

Citrus reticulata Blanco. 种类 常绿小乔木

树高：3～9米 | 叶序：单生复叶 | 叶形：披针形、椭圆形或阔卵形

叶子特征 单生复叶，翼叶通常狭窄，或仅有痕迹，叶片披针形，椭圆形或阔卵形，大小变异较大，顶端常有凹口，中脉由基部至凹口附近成叉状分枝，叶缘至少上半段通常有钝或圆裂齿，很少全缘。

植物应用 柑橘是常绿小乔木，吸收二氧化碳，制造氧气，极具“碳汇”价值。柑橘四季常青，树姿优美，是一种很好的庭园观赏植物。集赏花、观果、闻香于一体的柑，对提高森林覆盖率、绿地率，改善生态环境均有积极意义。

中国是柑的重要原产地之一，资源丰富，优良品种繁多，有4000多年的栽培历史

柑类水果含有人体保健物质

树皮灰褐色

合果芋

• 科名 / 天南星科　• 属名 / 合果芋属
• 别名 / 长柄合果芋、紫梗芋、剪叶芋、丝素藤、白蝴蝶、箭叶

Syngonium podophyllum Schott　种类 多年生常绿草本

树高：20-50厘米	叶序：单叶簇生	叶形：箭形或戟形

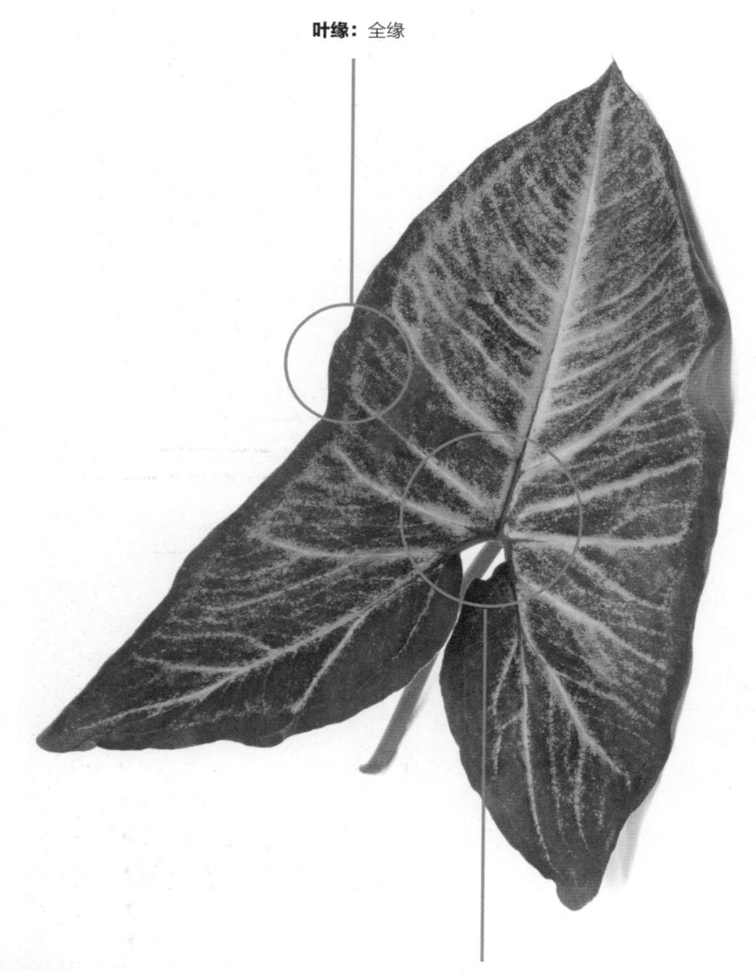

叶子特征 叶片呈两形性，幼叶为单叶，箭形或戟形；老叶呈5～9裂的掌状叶，中间一片叶大形，叶基裂片两侧常着生小形耳状叶片。初生叶色淡，老叶呈深绿色，且叶质加厚。

植物应用 合果芋在园林绿化上用途广泛，可用于室内装饰，也可用于室外园林观赏。它株态优美，叶形多变，色彩清雅，与绿萝、蔓绿绒被誉为天南星科的代表性室内观叶植物，也是欧美十分流行的室内吊盆装饰材料，还可用作插花的陪叶材料。它那可随环境而变化的叶形和叶色可算是观赏的一大亮点。另外，它宽大漂亮的叶子还可以提高空气湿度，并能吸收大量的甲醛和氨气，是一种很好的室内栽培植物。

合果芋由于繁殖容易，栽培简便，特别耐阴且装饰效果极佳，在世界各地应用十分广泛

多年生蔓性常绿草本植物

红花檵木

•科名 / 金缕梅科　•属名 / 檵木属
•别名 / 红继木、红梽木、红桎木、红檵花、红梽花、红桎

Loropetalum chinense var. rubrum Yieh　种类 常绿灌木

树高：2-10米	叶序：单叶互生	叶形：卵形

叶子特征 叶革质，卵形，长2～5厘米，宽1.5～2.5厘米，先端尖锐，基部钝，不等侧，上面略有粗毛或秃净，干后暗绿色，无光泽，下面被星毛，稍带灰白色，侧脉约5对，在上面明显，在下面凸起，全缘；叶柄长2～5毫米，有星毛；托叶膜质，三角状披针形，长3～4毫米，宽1.5～2.0毫米，早落。

植物应用 红花檵木枝繁叶茂，姿态优美，耐修剪，耐蟠扎，可用于绿篱，也可用于制作树桩盆景，花开时节，满树红花，极为壮观。红花檵木为常绿植物，新叶鲜红色，不同株系成熟时叶色、花色各不相同，叶片大小也有不同，在园林应用中主要考虑叶色及叶的大小两方面因素带来的不同效果。

花开时节，满树红花，极为壮观

中国红花檵木的产业化开发有20多年历史，湖南是中心产区

生态适应性强，耐修剪，易造形，广泛用于色篱、模纹花坛、灌木球、彩叶小乔木、桩景造形、盆景等城市绿化美化

黄杨

• 科名 / 黄杨科 • 属名 / 黄杨属
• 别名 / 黄杨木、瓜子黄杨、锦熟黄杨

Buxus sinica (Rehd.et Wils.)Cheng 种类 灌木或小乔木

树高：1-6米	叶序：单叶簇生	叶形：阔椭圆形、阔倒卵形、卵状椭圆形或长圆形

叶子特征 叶革质，阔椭圆形、阔倒卵形、卵状椭圆形或长圆形，先端圆或钝，常有小凹口，不尖锐，基部圆或急尖或楔形，叶面光亮，中脉凸出，下半段常有微细毛，侧脉明显，叶背中脉平坦或稍凸出，中脉上常密被白色短线状钟乳体，全无侧脉，叶柄长1～2毫米，上面被毛。

植物应用 黄杨在园林中常作绿篱、大型花坛镶边，修剪成球形或其他整形栽培，点缀山石或制作盆景。木材坚硬细密，是雕刻工艺的上等材料。黄杨盆景树姿优美，叶小如豆瓣，质厚而有光泽，四季常青，可终年观赏。

黄杨叶片小巧而有光泽，枝条萌蘖力强，耐修剪，是家庭培养盆景的优良材料

花序腋生，头状，花密集

红花羊蹄甲

• 科名 / 豆科 • 属名 / 羊蹄甲属
• 别名 / 红花紫荆、洋紫荆、玲甲花

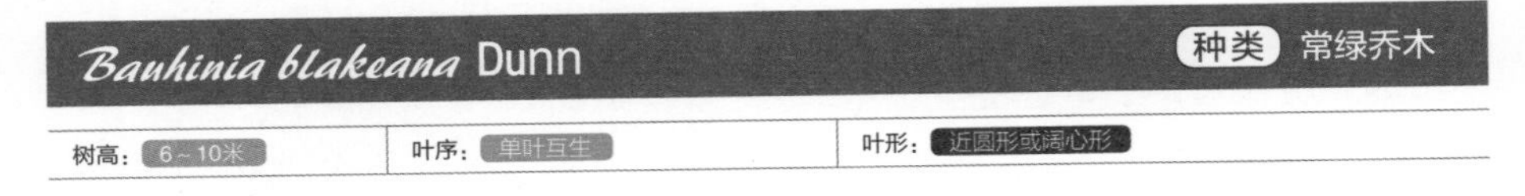

Bauhinia blakeana Dunn　种类 常绿乔木

树高：6～10米　叶序：单叶互生　叶形：近圆形或阔心形

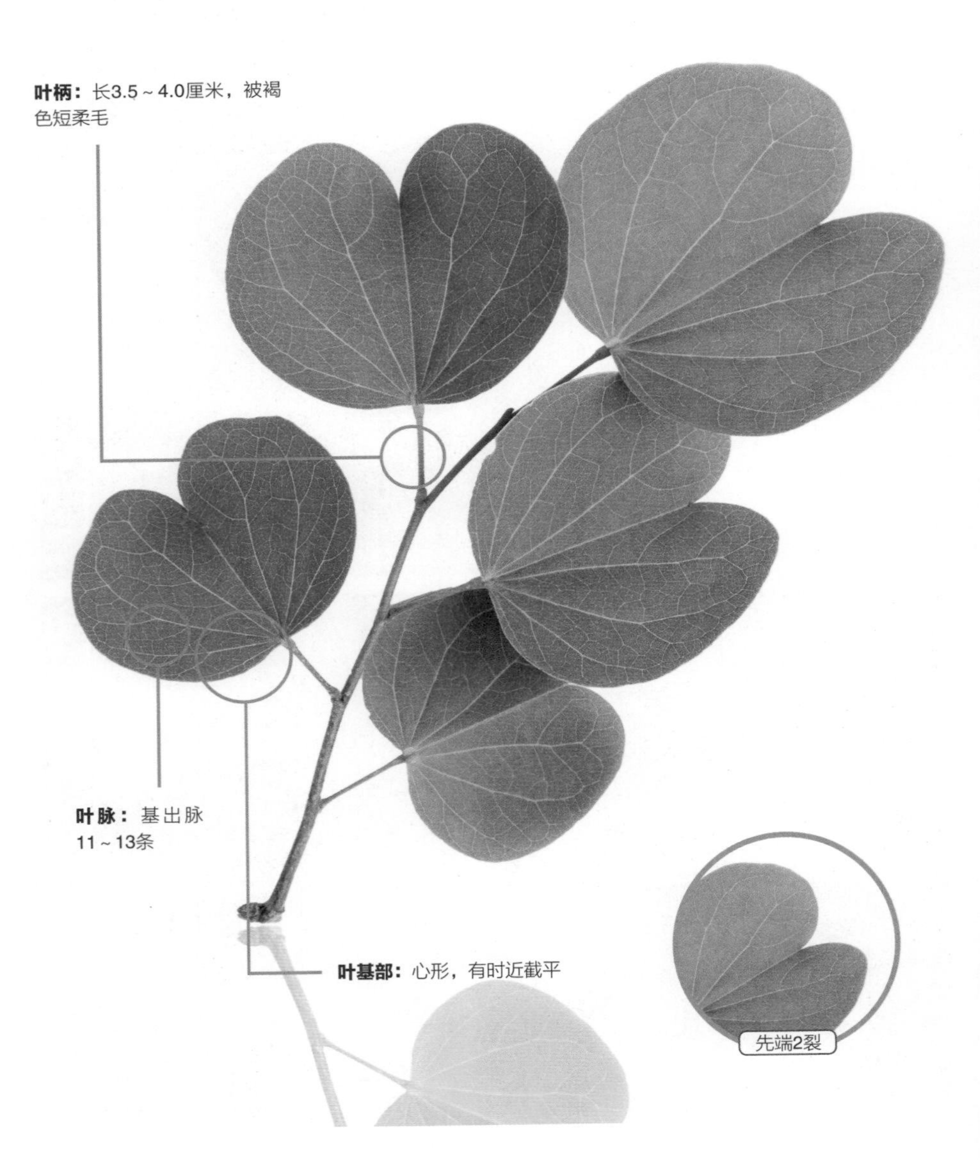

叶子特征 叶革质，近圆形或阔心形，长8.5～13.0厘米，宽9～14厘米，基部心形，有时近截平，先端2裂为叶全长的1/4～1/3，裂片顶钝或狭圆，上面无毛，下面疏被短柔毛；基出脉11～13条；叶柄长3.5～4.0厘米，被褐色短柔毛。

总状花序，或有时分枝而呈圆锥状花序.

植物应用 红花羊蹄甲是美丽的观赏树木，花大，紫红色，盛开时繁英满树，终年常绿繁茂，颇耐烟尘，适于做行道树；树皮含单宁，可用作鞣料和染料，树根、树皮和花朵还可以入药。红花羊蹄甲为我国广州主要的庭园树之一，世界各地广泛栽植。

紫花

荚果

绿萝

•科名 / 天南星科 •属名 / 麒麟叶属
•别名 / 魔鬼藤、黄金葛、黄金藤、桑叶

Epipremnum aureum **种类** 常绿藤本

树高：0.5米以下	叶序：单叶互生	叶形：宽卵形

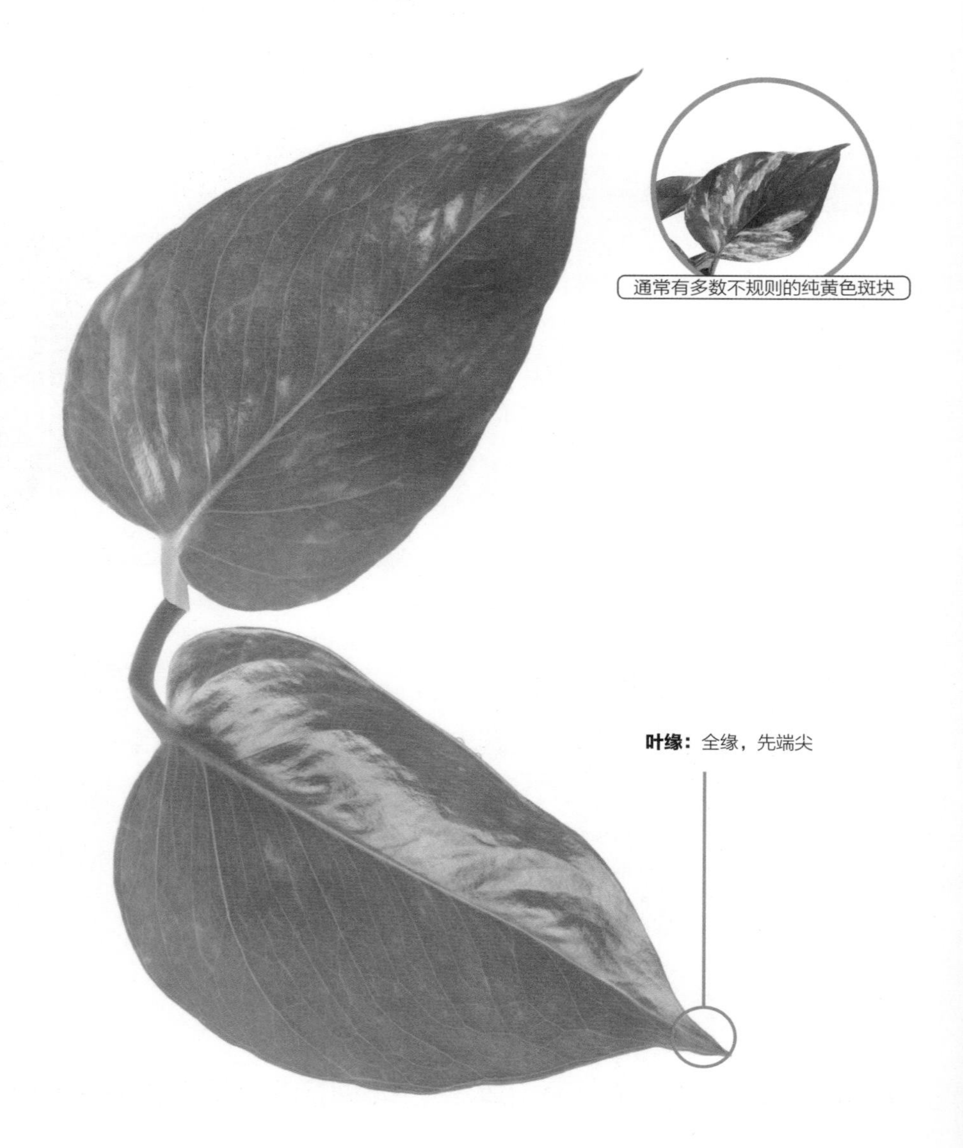

通常有多数不规则的纯黄色斑块

叶缘：全缘，先端尖

叶子特征 叶柄长8~10厘米，两侧具鞘达顶部；鞘革质，宿存，下部每侧宽近1厘米，向上渐狭；下部叶片大，长5~10厘米，上部的长6~8厘米，纸质，宽卵形，短渐尖，基部心形，宽6.5厘米。成熟枝上叶柄粗壮，长30~40厘米，基部稍扩大，上部关节长2.5~3.0厘米，稍肥厚，腹面具宽槽。

植物应用 绿萝是阴性植物，喜散射光，较耐阴。它遇水即活，因顽强的生命力，被称为“生命之花”。室内种植时，不管是盆栽或是折几枝茎秆水培，都可以良好地生长。既可让其攀附于用棕扎成的圆柱上，也可培养成悬垂状置于书房、窗台，抑或直接盆栽摆放，是一种非常适合室内种植的优美花卉。

绿萝其缠绕性强，气根发达，叶色斑斓，四季常绿，长枝披垂，是优良的观叶植物

马占相思

•科名 / 豆科 •属名 / 金合欢属
•别名 / 大叶相思

Acacia mangium Willd.

种类 常绿乔木

树高：18米	叶序：单叶互生	叶形：卵圆状披针形

叶子特征 叶大，生长迅速。叶状柄纺锤形，长12～15厘米，中部宽，两端收窄，纵向平行脉4条。

植物应用 马占相思适应性强、生长迅速、干形通直，是兼用材、薪材、纸材、饲料和改土于一身的树种，可迅速美化环境、涵养水源，其生态效益、经济效益、社会效益相当显著 。马占相思木质坚硬，木材可做纸浆材，还可制作人造板、家具，树皮可提取栲胶，树叶可制作饲料。

主干通直，树形整齐，叶大，生长迅速

穗状花序腋生，下垂；花淡黄白色

荚果扭曲

杧果

•科名 / 漆树科 •属名 / 杧果属
•别名 / 马蒙、抹猛果、望果、蜜望、蜜望子

Mangifera indica L.

种类 常绿乔木

树高：10～20米	叶序：常集生枝顶	叶形：长圆形或长圆状披针形

叶脉： 侧脉20～25对，斜升，两面凸起，网脉不显

叶缘： 全缘，皱波状卷曲

叶柄： 上面具槽，基部膨大

叶子特征 叶薄革质，常集生枝顶，叶形和大小变化较大，通常为长圆形或长圆状披针形，长12～30厘米，宽3.5～6.5厘米，先端渐尖、长渐尖或急尖，基部楔形或近圆形，边缘皱波状，无毛，叶面略具光泽，侧脉20～25对，斜升，两面凸起，网脉不显，叶柄长2～6厘米，上面具槽，基部膨大。

植物应用 杧果叶和树皮可做黄色染料。木材坚硬，耐海水，宜做舟车或家具等。杧果还可以制作多种食品，如糖水片、果酱、果汁、蜜饯、脱水杧果片、话杧，以及盐渍或酸辣杧果等。杧果树冠球形，常绿乔木，郁闭度大，为热带良好的庭园和行道树种。

芒果树冠球形，常绿乔木，郁闭度大，为热带良好的庭园和行道树种

圆锥花序长20～35厘米，多花密集，被灰黄色微柔毛，分枝开展

核果大，肾形（栽培品种其形状和大小变化极大），压扁，长5～10厘米，宽3.0～4.5厘米，成熟时黄色，中果皮肉质，肥厚，鲜黄色，味甜，果核坚硬

牛油果

• 科名 / 山榄科 • 属名 / 牛油果属
• 别名 / 油梨、鳄梨、酪梨、奶油果

Butyrospermum parkii Kotschy 种类 落叶乔木

树高：10～15米	叶序：单叶互生	叶形：长圆形

叶脉： 中脉在上面呈凹槽，下面浑圆且凸起，侧脉30对以上，相互平行，两面稍凸起

叶基部： 圆或钝

叶子特征 叶长圆形，长15～30厘米，宽6～9厘米，先端圆或钝，基部圆或钝，幼时上面被锈色柔毛，后两面均无毛，中脉在上面呈凹槽，下面浑圆且凸起，侧脉30对以上，相互平行，两面稍凸起，网脉细；叶柄圆形，长约10厘米。

植物应用 牛油果是一种营养价值很高的水果，含多种维生素、丰富的脂肪酸和蛋白质，以及高含量的钠、钾、镁、钙等元素，营养价值可与奶油媲美，甚至有“森林奶油”的美称，一般作为生果食用，也可被制作成菜肴和罐头。

浆果球形，直径3～4厘米，可食，味如柿子

欧丁香

•科名 / 木犀科 •属名 / 丁香属
•别名 / 洋丁香

Syringa vulgaris L. 种类 灌木或小乔木

树高：3～7米	叶序：单叶互生	叶形：卵形、宽卵形或长卵形

叶基部： 截形、宽楔形或心形

叶柄： 长1～3厘米

叶子特征 叶片卵形、宽卵形或长卵形，长3～13厘米，宽2～9厘米，先端渐尖，基部截形、宽楔形或心形，上面深绿色，下面淡绿色；叶柄长1～3厘米。

植物应用 露地栽培的欧丁香，在生长季节不需特殊管理，只要把握住适当灌溉、施肥、修剪等几个环节，就可促使栽培的欧丁香生长发育良好，花序繁盛，花色鲜艳，表现出良好的观赏特性。欧丁香的修剪时期，以在早春树液流动前或刚开始流动时为好。在北京及华北地区，4～6月是气候干旱和高温时期，同时也是欧丁香盛花和新枝生长旺盛季节，此时每月需对植株浇灌2～3次透水； 7月以后进入雨季，这时要停止人工灌溉，并注意排水防涝；从10～11月到入冬前要灌3次透水，灌水后要松土，使植株及土壤中水分充足。

花芳香；萼齿锐尖至短渐尖；花冠紫色或淡紫色

甜菜

•科名 / 藜科 •属名 / 甜菜属
•别名 / 莙菜、红菜头

Beta vulgaris L. 种类 二年生草本

树高：30～80厘米	叶序：单叶互生	叶形：矩圆形

叶子特征 叶矩圆形，长20～30厘米，宽10～15厘米，具长叶柄，上面皱缩不平，略有光泽，下面有粗壮凸出的叶脉，全缘或略呈波状，先端钝，基部楔形、截形或略呈心形；叶柄粗壮，下面凸，上面平或具槽。茎生叶互生，较小，卵形或披针状矩圆形，先端渐尖，基部渐狭入短柄。

植物应用 菜用甜菜在美国普遍烹食或腌食，俄罗斯甜菜浓汤是东欧的传统甜菜汤。糖用甜菜是最重要的商业类形，18世纪在德国育成。英国曾对法国封锁，使之得不到进口食糖，作为对策，拿破仑鼓励种植甜菜，从此糖用甜菜在欧洲广为栽种。在现代，甜菜糖约占世界糖产量的2/5。饲料甜菜和叶用甜菜的栽培与大多数作物一样，始于史前时期。

甜菜很容易消化，有助于提高食欲，还能缓解头痛，并有预防感冒和贫血的作用

香蕉

• 科名 / 芭蕉科　• 属名 / 芭蕉属

• 别名 / 金蕉、弓蕉

Musa nana Lour.

种类　多年生草本

树高：3～5米	叶序：单叶互生	叶形：卵圆形

叶缘： 叶翼显著，张开，边缘褐红色或鲜红色

叶基部： 近圆形，两侧对称

叶脉： 侧脉平行，多数

叶子特征 叶片长圆形，长1.5~2.2米，宽60~70厘米，先端钝圆，基部近圆形，两侧对称，叶面深绿色，无白粉，叶背浅绿色，被白粉；叶柄短粗，通常长在30厘米以下，叶翼显著，张开，边缘褐红色或鲜红色。

植物应用 香蕉属高热量水果，据分析，每100克果肉的发热量达381千焦。在一些热带地区，香蕉还作为主要粮食。香蕉果肉营养价值颇高，每100克果肉含糖类20克、蛋白质1.2克、脂肪0.6克；此外，还含多种微量元素和维生素，特别是含有能让肌肉松弛的镁元素，经常工作压力比较大的人可以多食用。

热带地区广泛栽培食用

香蕉味香，富含营养，终年可收获

株结果后枯死，由根状茎长出的吸根继续繁殖，每一根株可活多年

春羽

• 科名 / 天南星科 • 属名 / 喜林芋属
• 别名 / 春芋

Philodenron selloum Koch 种类 多年生常绿草本

树高：1～2米	叶序：单叶互生	叶形：卵状心形

叶子特征 叶于茎顶向四方伸展，有长40～50厘米的叶柄，叶身鲜浓有光泽，呈卵状心形，长约60厘米，宽及40厘米，但一般盆栽的仅约一半大小，全叶羽状深裂，呈革质。实生幼年期的叶片较薄，呈三角形，随生长发生之叶片逐渐变大，羽裂缺刻越多且越深。

植物应用 春羽叶片巨大，呈粗大的羽状深裂，浓绿色，且富有光泽，株形优美，观赏效果好。同时它又耐阴，是极好的室内喜阴观叶植物。

春羽叶片巨大，呈粗大的羽状深裂，浓绿色，且富有光泽，叶柄长而粗壮

龟背竹

•科名 / 天南星科 •属名 / 龟背竹属
•别名 / 蓬莱蕉、铁丝兰、穿孔喜林芋

Monstera deliciosa Liebm. 种类 攀缘灌木

树高：茎长3～6米	叶序：单叶簇生	叶形：心状卵形

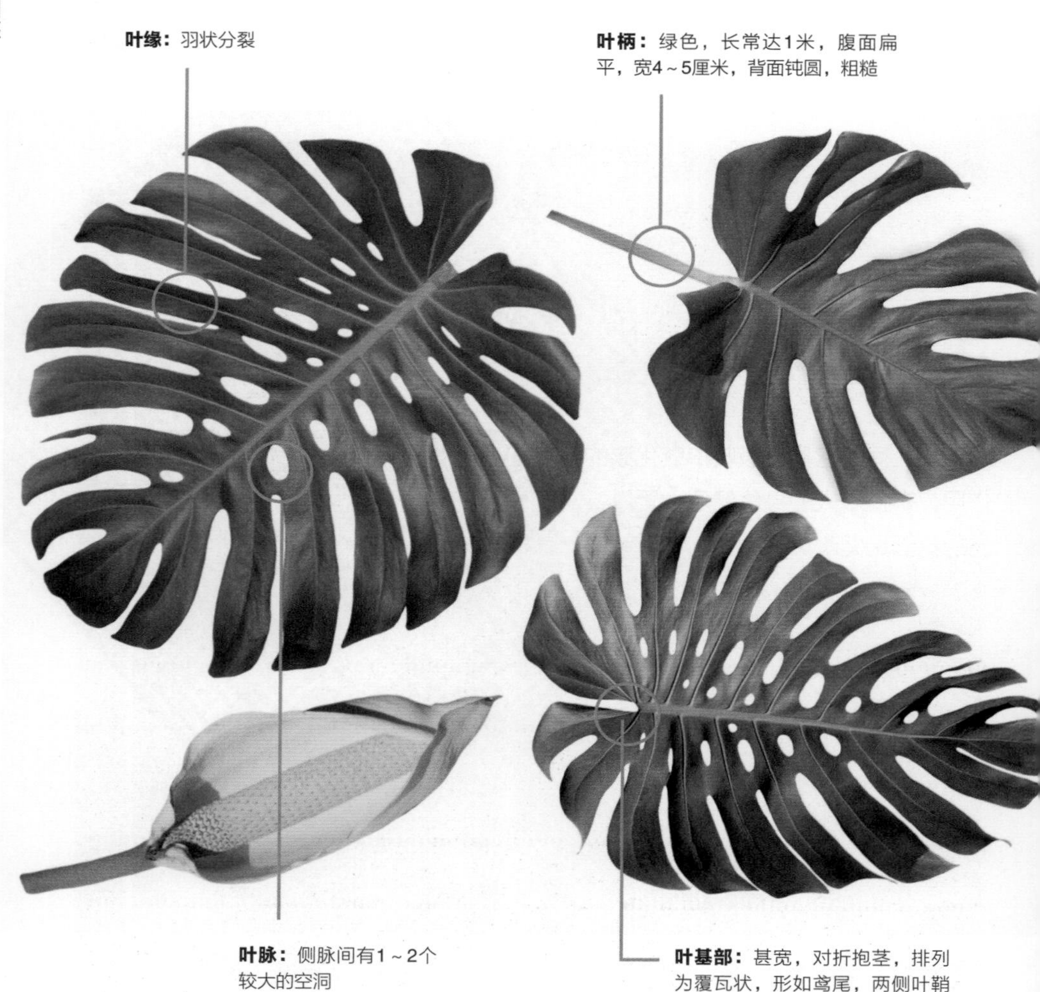

叶子特征 叶柄绿色，长常达1米，腹面扁平，宽4～5厘米，背面钝圆，粗糙，边缘锐尖，基部甚宽，对折抱茎，排列为覆瓦状，形如鸢尾，两侧叶鞘宽，向上渐狭，脱落后叶柄边缘成绉波状；叶片大，轮廓心状卵形，宽40～60厘米，厚革质，表面发亮，淡绿色，背面绿白色，边缘羽状分裂，侧脉间有1～2个较大的空洞，靠近中肋者多为横圆形，宽1.5～4.0厘米，向外的为横椭圆形，宽5～6厘米；中肋及侧脉表面绿色，背面绿白色，两面均隆起。

佛焰苞厚革质，宽卵形，肉穗花序近圆柱形，长17.5～20.0厘米，粗4～5厘米，淡黄色

植物应用 因为龟背竹的叶子形态很像龟壳，而且又是比较耐生的室内植物，同时它具有吸收二氧化碳的作用，有益于人的身体健康，所以，它的花语是健康长寿。

喜温暖潮湿环境，耐阴，切忌强光暴晒和干燥

仙羽蔓绿绒

• 科名 / 天南星科 • 属名 / 喜林芋属
• 别名 / 奥利多蔓绿绒

Philodendron xanadu Croat, Mayo et Boos **种类** 多年生草本

树高：1米以下 | 叶序：单叶互生 | 叶形：卵圆形，羽状深裂

叶子特征 叶片宽，手掌形，肥厚，呈羽状深裂，有光泽；叶柄长而粗壮，气生根极发达粗壮，纷然披垂。

植物应用 其叶小而优雅，外形有如大鸟的羽，喜半阴和温暖潮湿的环境下生长，适温在20～30℃，能短时间忍耐5℃的低温，但冬季不能长期低于10℃，植株四季葱翠，绿意盎然，叶态奇特，是室内主要的观叶植物之一。

植株四季葱翠，绿意盎然，叶态奇特

八角金盘

•科名 / 五加科 •属名 / 八角金盘属
•别名 / 八金盘、八手、手树、金刚纂

Fatsia japonica (Thunb.) Decne. et Planch. **种类** 常绿灌木或小乔木

树高：5米	叶序：单叶互生	叶形：近圆形，掌状7～9深裂，裂片长椭圆状卵形

叶子特征 叶柄长10～30厘米；叶片大，革质，近圆形，直径12～30厘米，掌状7～9深裂，裂片长椭圆状卵形，先端短渐尖，基部心形，边缘有疏离粗锯齿，上表面暗亮绿以，下面色较浅，有粒状凸起，边缘有时呈金黄色，侧脉在两面隆起，网脉在下面稍显著。

植物应用 八角金盘四季常青，叶片硕大，叶形优美，浓绿光亮，是深受欢迎的室内观叶植物。适应室内弱光环境，为宾馆、饭店、写字楼和家庭美化常用的植物材料。叶片又是插花的良好配材。作为绿化用树，八角金盘适宜配植于庭院、门旁、窗边、墙隅及建筑物背阴处，也可点缀在溪流滴水之旁，还可成片群植于草坪边缘及林地，另外还可小盆栽供室内观赏。

性耐阴，在园林中常种植于假山边上或大树旁边，还能作为观叶植物用于室内、厅堂及会场陈设

北美枫香

•科名 / 金缕梅科 •属名 / 枫香树属
•别名 / 胶皮枫香树

Liquidambar styraciflua L. 种类 落叶乔木

树高：10～30米 叶序：单叶互生 叶形：宽卵形，掌状5～7裂

叶缘：有疏离粗锯齿

叶子特征 叶互生，宽卵形，掌状5～7裂，叶长10～18厘米，叶柄长6.5～10厘米。秋后变红，形成怡人风景线。

植物应用 北美枫香树冠广袤、气势雄伟，十月上旬秋叶色泽始红，渐五彩斑斓，艳丽醉人，为著名园林景观树种和行道种树，被广泛种植在小区庭园、公园绿地和风景区等场所；孤植、丛楠、群植均相宜，干燥沙地都能生长，同样适合做防护林和湿地生态林。

北美枫香树冠广袤、气势雄伟，十月上旬秋叶色泽始红，渐五彩斑斓，艳丽醉人，为著名园林景观树种

蒴果木质，果皮薄

绿叶

蓖麻

•科名 / 大戟科 •属名 / 蓖麻属
•别名 / 大麻子、老麻了、草麻

Ricinus communis L. 种类 一年生或多年生草本植物

树高：3～5米 | 叶序：单叶互生 | 叶形：盾状圆形

叶子特征 叶轮廓近圆形，长和宽达40厘米或更大，掌状7～11裂，裂缺几达中部，裂片卵状长圆形或披针形，顶端急尖或渐尖，边缘具锯齿，网脉明显；叶柄粗壮，中空，长可达40厘米，顶端具2片盘状腺体，基部具盘状腺体；托叶长三角形，长2～3厘米，早落。

植物应用 蓖麻种子含油量50%左右。蓖麻油为重要工业用油，可作表面活性剂、脂肪酸甘油脂、脂二醇、干性油、癸二酸、聚合用的稳定剂和增塑剂、泡沫塑料及弹性橡胶等。并是高级润滑油原料，还可作药剂，有缓泻作用。饼粉中富含氮、磷、钾，为良好的有机肥，经高温脱毒后可作饲料。茎皮富含纤维，为造纸和人造棉原料。

蒴果卵球形或近球形，长1.5～2.5厘米，果皮具软刺

茶条槭

- 科名 / 槭树科　• 属名 / 槭属
- 别名 / 茶条、华北茶条槭

Acer ginnala Maxim.　**种类** 落叶灌木或小乔木

树高：5～6米	叶序：单叶互生	叶形：长圆卵形或长圆椭圆形

叶缘： 各裂片的边缘均具不整齐的钝尖锯齿，裂片间的凹缺钝尖

叶脉： 主脉和侧脉均在下面较在上面显著

叶基部： 圆形、截形或略近于心形

叶子特征 叶纸质，基部圆形，截形或略近于心形，叶片长圆卵形或长圆椭圆形，长6～10厘米，宽4～6厘米，常较深的3～5裂；中央裂片锐尖或狭长锐尖，侧裂片通常钝尖，向前伸展，各裂片的边缘均具不整齐的钝尖锯齿，裂片间的凹缺钝尖；上面深绿色，无毛，下面淡绿色，近于无毛，主脉和侧脉均在下面较在上面为显著；叶柄长4～5厘米，细瘦，绿色或紫绿色，无毛。

可栽作绿篱及小形行道树

植物应用 茶条槭树干直，花有清香，夏季果翅红色美丽，秋叶又很易变成鲜红色，翅果成熟前也红艳可爱，是良好的庭园观赏树种，也可栽作绿篱及小形行道树，屏风、丛植、群植皆可，且较其他槭树耐阴。萌蘖力强，可盆栽。

翅连同小坚果长2.5～3厘米，宽8～10毫米，中段较宽或两侧近于平行，张开近于直立或成锐角

伞房花序长6厘米，无毛，具多数花

鸡爪槭

•科名 / 槭树科 •属名 / 槭属
•别名 / 鸡爪枫、槭树

Acer palmatum Thunb. 种类 落叶小乔木

树高：6～7米	叶序：单叶互生	叶形：5-9掌状分裂，通常7裂

叶子特征 叶纸质，外貌圆形，直径7～10厘米，基部心形或近于心形，少截形，5～7掌状分裂，裂片长圆卵形或披针形，先端锐尖或长锐尖，边缘具紧贴的尖锐锯齿；裂片间的凹缺钝尖或锐尖，深达叶片直径的1/2或1/3，上面深绿色，无毛，下面淡绿色，在叶脉的脉腋被有白色丛毛；叶柄长4～6厘米，细瘦，无毛。

花蕾红色

植物应用 鸡爪槭可做行道树和观赏树栽植，是较好的四季绿化树种。在园林绿化中，常用不同品种配置于一起，形成色彩斑斓的槭树园；也可在常绿树丛中杂以槭类品种，营造“万绿丛中一点红”的景观；植于山麓、池畔以显其潇洒婆娑的绰约风姿，配以山石则具古雅之趣。

翅果嫩时紫红色，成熟时淡棕黄色

鸡爪槭可做行道树和观赏树栽植，是较好的四季绿化树种

红枫

• 科名 / 槭树科　• 属名 / 槭属
• 别名 / 紫红鸡爪槭、红枫树、红叶、小鸡爪槭、红颜枫

Acer palmatum 'Atropurpureum'　种类 落叶乔木

树高：2～8米	叶序：单叶交互对生	叶形：掌状深裂，裂片5～9

叶子特征 单叶交互对生，常丛生于枝顶。叶掌状深裂，裂片5～9，裂深至叶基，裂片长卵形或披针形，叶缘锐锯齿。

植物应用 红枫性喜阳光，适合温暖湿润气候，怕烈日暴晒，较耐寒，稍耐旱，不耐涝，适生于肥沃疏松排水良好的土壤。早春发芽时，嫩叶艳红，密生白色软毛，叶片舒展后渐脱落，叶色亦由艳丽转淡紫色甚至泛暗绿色。红枫为名贵的观叶树木，故常作盆栽欣赏。

红枫最大的特点就是秋季变色由正常绿色变为红色，古人诗曰“十月霜叶红似火”，“霜叶红于二月花”

色木槭

- 科名 / 槭树科
- 属名 / 槭属
- 别名 / 五角枫、地锦槭、五角槭、色木

Acer mono Maxim.

种类 落叶乔木

树高：15～20米 叶序：单叶互生 叶形：近于椭圆形

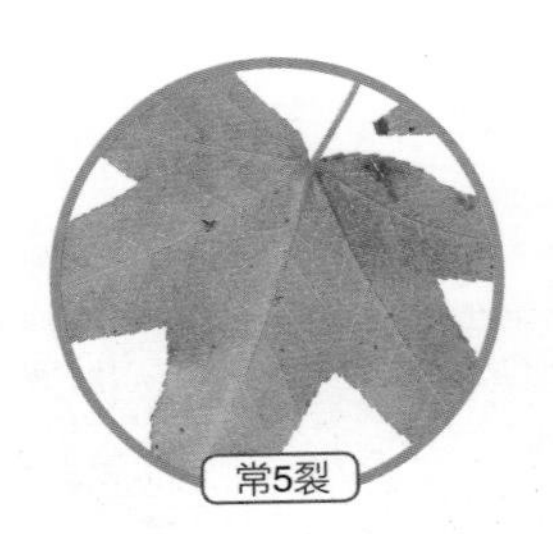

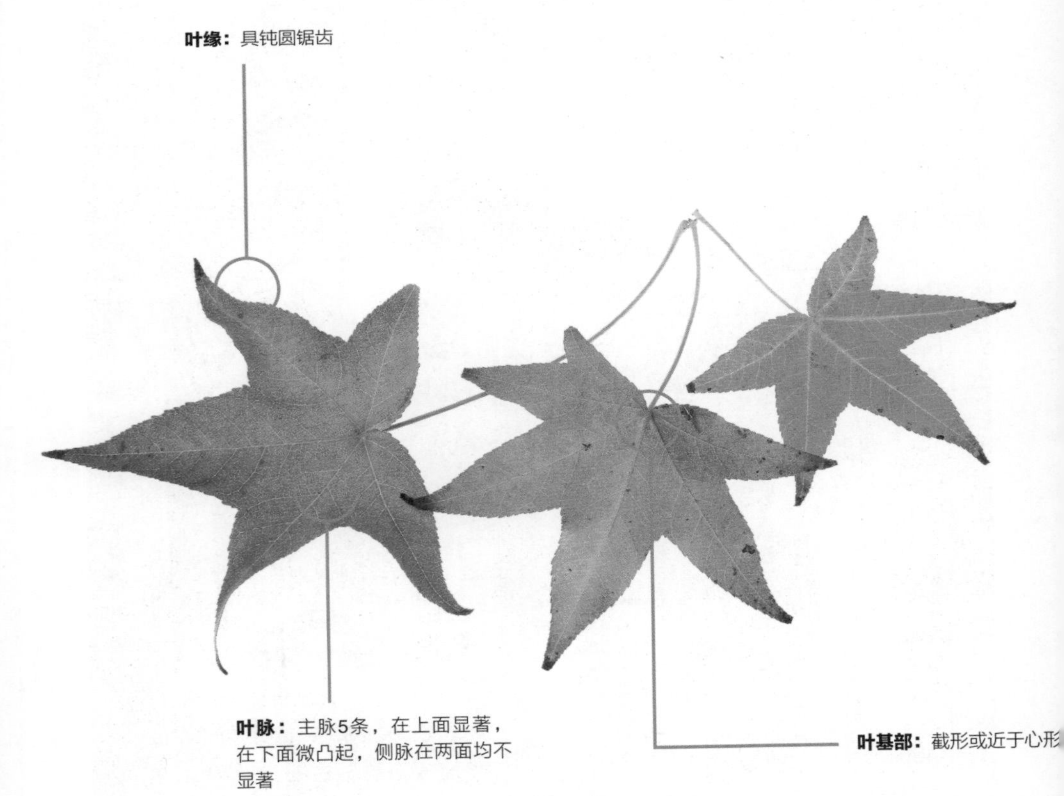

叶子特征 叶纸质，基部截形或近于心形，叶片的外貌近于椭圆形，常5裂，有时3裂及7裂的叶生于同一树上；裂片卵形，先端锐尖或尾状锐尖，全缘，裂片间的凹缺常锐尖，深达叶片的中段，上面深绿色，无毛，下面淡绿色，除了在叶脉上或脉腋被黄色短柔毛外，其余部分无毛；主脉5条，在上面显著，在下面微凸起，侧脉在两面均不显著。

植物应用 能吸附烟尘及有害气体，分泌挥发性杀菌物质，净化空气。其花叶同放，树姿优美，叶色多变，是城乡优良的绿化树种。其树体含水量较大，而含油量较小，枯枝落叶分解较快，不易燃烧，也是理想的防火树种。

萼片黄绿色，长圆形，花瓣淡白色

翅果嫩时紫绿色，成熟时淡黄色；小坚果压扁状，翅长圆形

落叶乔木

大麻

•科名 / 大戟科 •属名 / 大麻属
•别名 / 山丝苗、线麻、胡麻、野麻

Cannabis sativa L.

种类 一年生草本

树高：1～3米	叶序：单叶互生	叶形：掌状全裂，裂片披针形或线状披针形

叶子特征 叶掌状全裂，裂片披针形或线状披针形，长7～15厘米，中裂片最长，宽0.5～2.0厘米，先端渐尖，基部狭楔形，表面深绿，微被糙毛，背面幼时密被灰白色贴状毛后变无毛，边缘具向内弯的粗锯齿，中脉及侧脉在表面微下陷，背面隆起；叶柄长3～15厘米，密被灰白色贴伏毛；托叶线形。

植物应用 茎皮纤维长而坚韧，可用以织麻布或纺线，制绳索，编织渔网和造纸；种子榨油，含油量30%，可供作油漆等，油渣可作饲料。果实中医称“火麻仁”或“大麻仁”，入药，性平，味甘，功能润肠，主治大便燥结；花称“麻勃”，主治恶风、经闭；健忘果壳和苞片称“麻蕡”，有毒，治劳伤、破积、散脓，多服令人发狂；叶含麻醉性树脂，可以配制麻醉剂。

一年生直立草本，高1～3米，枝具纵沟槽，密生灰白色贴伏毛

番木瓜

• 科名 / 番木瓜科 • 属名 / 番木瓜属
• 别名 / 木瓜、番瓜、万寿果、乳瓜、石瓜、万寿匏

Carica Papaya L. 种类 常绿乔木

树高： 8～10米	叶序： 单叶互生	叶形： 近盾形，掌状深裂

叶子特征 叶大，聚生于茎顶端，近盾形，直径可达60厘米，通常5～9深裂，每裂片再为羽状分裂；叶柄中空，长达60～100厘米。

植物应用 番木瓜是一种大型热带水果，营养丰富，口感细腻，受到社会大众的喜爱。此外，果实还可以入药，治胃痛、痢疾、二便不畅、风痹、烂脚等。

常绿软木质小乔木，高达8～10米，具乳汁

花单性或两性

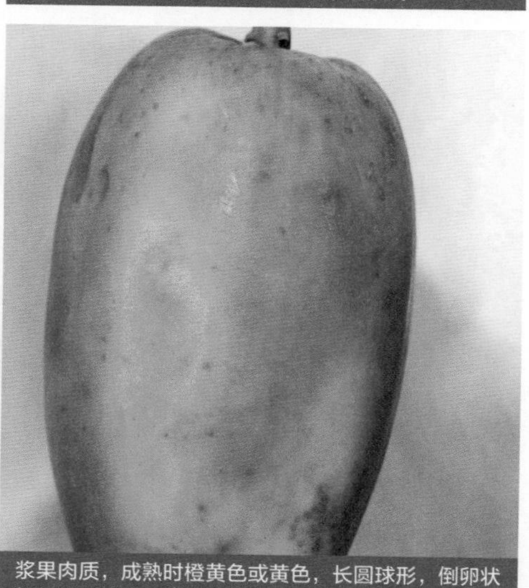
浆果肉质，成熟时橙黄色或黄色，长圆球形，倒卵状长圆球形，梨形或近圆球形

陆地棉

• 科名 / 锦葵科 • 属名 / 棉属
• 别名 / 棉纤维

Gossypium hirsutum Linn. 种类 落叶灌木

树高：0.6～1.5米 | 叶序：单叶互生 | 叶形：阔卵形

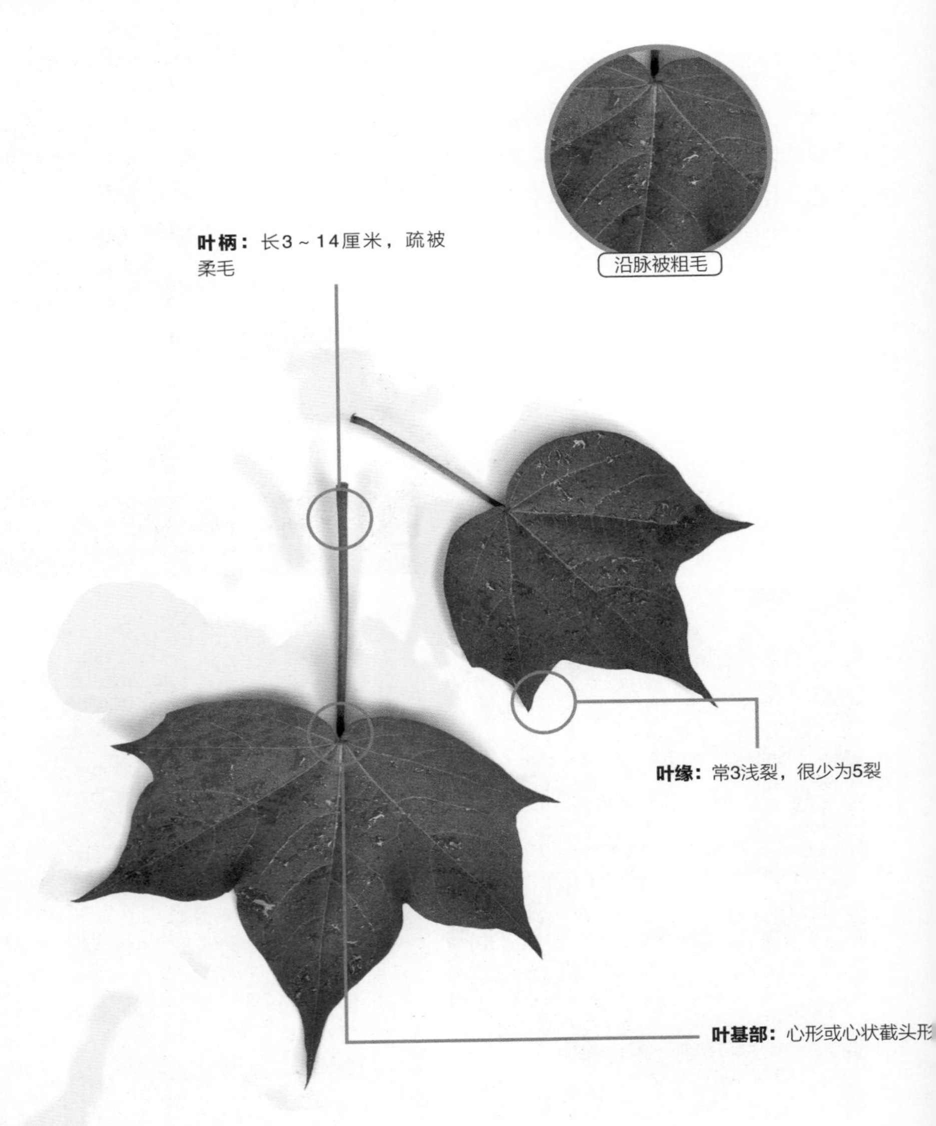

叶子特征 叶阔卵形，直径5～12厘米，长、宽近相等或较宽，基部心形或心状截头形，常3浅裂，很少为5裂，中裂片常深裂达叶片之半，裂片宽三角状卵形，先端突渐尖，基部宽，上面近无毛，沿脉被粗毛，下面疏被长柔毛；叶柄长3～14厘米，疏被柔毛；托叶卵状镰形，长5～8毫米，早落。

植物应用 果实硕大而有酸甜味，可食用，含蛋白质0.70%，脂肪0.40%，糖类17.10%。木材可作造船材。紫胶虫寄主树。

花单生于叶腋，花梗通常较叶柄略短

花白色或淡黄色，后变淡红色或紫色

蒴果卵圆形，长3.5～5厘米，具喙，3～4室；种子分离，卵圆形，具白色长棉毛和灰白色不易剥离的短棉毛

木芙蓉

• 科名 / 锦葵科 • 属名 / 木槿属
• 别名 / 芙蓉花、拒霜花、木莲、地芙蓉、华木

Hibiscus mutabilis Linn 种类 落叶灌木

树高：2～5米	叶序：单叶互生	叶形：宽卵形至圆卵形或心形

叶子特征 叶宽卵形至圆卵形或心形，直径10～15厘米，常5～7裂，裂片三角形，先端渐尖，具钝圆锯齿，上面疏被星状细毛和点，下面密被星状细茸毛，主脉7～11条；叶柄长5～20厘米；托叶披针形，长5～8毫米，常早落。

植物应用 与其他园林植物一样，木芙蓉的枝、干、芽、叶有其自然生长规律，形成了四季中的不同形态，主要表现在春季梢头嫩绿，一派生机盎然的景象；夏季绿叶成阴，浓阴覆地，消除炎热带来清凉；秋季拒霜宜霜，花团锦簇，形色兼备；冬季褪去树叶，尽显扶疏枝干，寂静中孕育新的生机。一年四季，各有风姿和妙趣。

白花

粉花

株形

无花果

•科名 / 桑科　•属名 / 榕属
•别名 / 阿驲、阿驿、映日果、优昙钵、品仙果

Ficus carica Linn.　种类 落叶灌木

树高：3～10米	叶序：单叶互生	叶形：广卵圆形，通常3～5裂，小裂片卵形

叶子特征 叶互生，厚纸质，广卵圆形，长宽近相等，10～20厘米，通常3～5裂，小裂片卵形，边缘具不规则钝齿，表面粗糙，背面密生细小钟乳体及灰色短柔毛，基部浅心形，基生侧脉3～5条，侧脉5～7对；叶柄长2～5厘米，粗壮；托叶卵状披针形，长约1厘米，红色。

植物应用 无花果是目前世界上投产最快的果树之一，而且产量高，没有大小年，病虫害少，栽培管理容易。无花果当年栽苗当年挂果，管理得当株产可达2千克、亩产可达500千克。

榕果单生叶腋，大而梨形，直径3～5厘米，顶部下陷，成熟时紫红色或黄色，基生苞片3，卵形；瘦果透镜状

复叶
leaves

Chapter 2

覆盆子

• 科名 / 蔷薇科　• 属名 / 悬钩子属
• 别名 / 复盆子、茸毛悬钩子、覆盆莓、乌藨子、小托盘

Rubus idaeus L.　种类 落叶乔木

树高：1～2米	叶序：奇数羽状复叶	叶形：长卵形或椭圆形

叶缘： 有不规则粗锯齿或重锯齿

叶子特征 小叶3～7片，花枝上有时具3小叶，不孕枝上常5～7小叶，长卵形或椭圆形，顶生小叶常卵形，有时浅裂，长3～8厘米，宽1.5～4.5厘米，顶端短渐尖，基部圆形，顶生小叶基部近心形，上面无毛或疏生柔毛，下面密被灰白色茸毛，边缘有不规则粗锯齿或重锯齿；叶柄长3～6厘米，顶生小叶柄长约1厘米，均被茸毛状短柔毛和少疏小刺；托叶线形，具短柔毛。

植物应用 覆盆子果供食用，在欧洲久经栽培，有多数栽培品种做水果用。覆盆子果实含有相当丰富的维生素A、维生素C、钙、钾、镁及大量纤维等营养素。覆盆子能有效缓解心绞痛等心血管疾病，但有时会造成轻微的腹泻。覆盆子果实酸甜可口，有“黄金水果”的美誉。

果实近球形，多汁液，直径1.0～1.4厘米，红色或橙黄色，密被短茸毛

花楸树

• 科名 / 蔷薇科 • 属名 / 花楸属
• 别名 / 马加木、红果臭山槐、绒花树、山槐子

Sorbus pohuashanensis (Hance) Hedl. 种类 落叶乔木

树高：8米	叶序：奇数羽状复叶	叶形：卵状披针形或椭圆披针形

叶子特征 奇数羽状复叶；小叶片5～7对，基部和顶部的小叶片常稍小，卵状披针形或椭圆披针形，先端急尖或短渐尖，基部偏斜圆形，边缘有细锐锯齿，基部或中部以下近于全缘，上面具少疏茸毛或近于无毛，下面苍白色，有少疏或较密集茸毛，间或无毛，侧脉9～16对，在叶边稍弯曲，下面中脉显著凸起；叶轴有白色茸毛，老时近于无毛；托叶草质，宿存，宽卵形，有粗锐锯齿。

植物应用 花楸树是一种病虫害少、生命力强、成活容易的速生树，它既是优质用材树种，又是种植天麻的好菌料，还是市场畅销的中草药。本种花叶美丽，入秋红果累累，是优美的庭园风景树。风景林中配植若干，可使山林增色。

入秋红果累累，是优美的庭园风景树

复伞房花序，具多数密集花朵

槐

• 科名 / 豆科 • 属名 / 槐属
• 别名 / 国槐、槐树、槐蕊、豆槐、白槐、细叶槐、金药材、护房树、家槐

Sophora japonica Linn. 种类 落叶乔木

树高：25米	叶序：偶数羽状复叶	叶形：卵状披针形或卵状长圆形

叶子特征 羽状复叶长达25厘米；叶轴初被疏柔毛，旋即脱净；叶柄基部膨大，包裹着芽；托叶形状多变，有时呈卵形，叶状，有时线形或钻状，早落；小叶4～7对，对生或近互生，纸质，卵状披针形或卵状长圆形，先端渐尖，具小尖头，基部宽楔形或近圆形，稍偏斜，下面灰白色，初被疏短柔毛，旋变无毛；小托叶2片，钻状。

植物应用 国槐是庭院常用的特色树种，其枝叶茂密，绿荫如盖，适做庭荫树，在中国北方多用作行道树，配植于公园、建筑四周、街坊住宅区及草坪上，也极相宜。

乔木，高达25米；树皮灰褐色，具纵裂纹

圆锥花序顶生，常呈金字塔形，长达30厘米

荚果串珠状，长2.5～5.0厘米或稍长

腊肠树

• 科名 / 豆科 • 属名 / 决明属
• 别名 / 阿勃勒、牛角树、波斯皂荚

Cassia fistula Linn. 种类 落叶乔木

树高：15米	叶序：偶数羽状复叶	叶形：阔卵形、卵形或长圆形

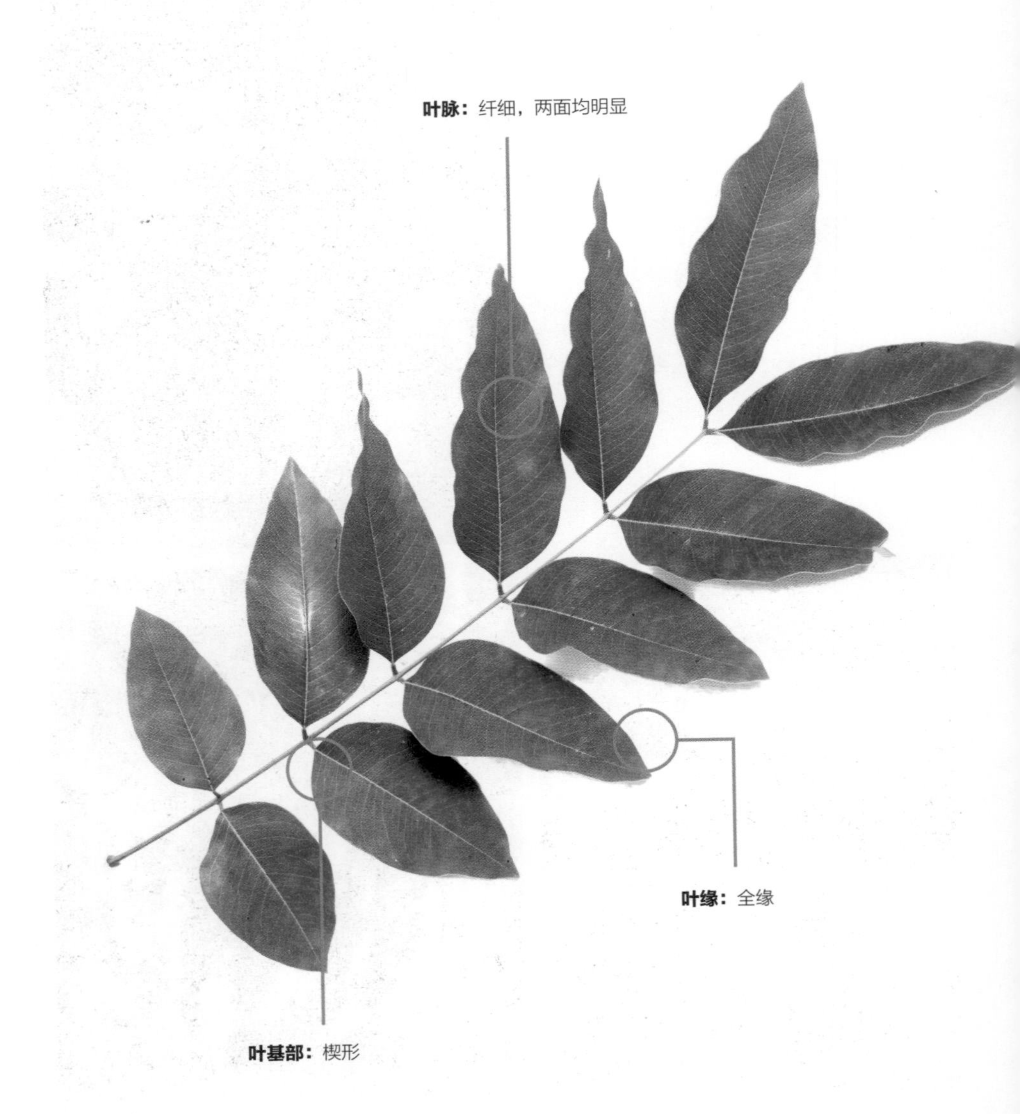

叶子特征 叶长30～40厘米，有小叶3～4对，在叶轴和叶柄上无翅亦无腺体；小叶对生，薄革质，阔卵形、卵形或长圆形，长8～13厘米，宽3.5～7.0厘米，顶端短渐尖而钝，基部楔形，边全缘，幼嫩时两面被微柔毛，老时无毛；叶脉纤细，两面均明显；叶柄短。

植物应用 腊肠树初夏开花，满树金黄，秋日果荚长垂如腊肠，为珍奇观赏树，被广泛地应用在园林绿化中，适于在公园、水滨、庭园等处与红色花木配置种植，也可2～3株成小丛种植，自成一景。热带地区也可作行道树。

荚果圆柱形，长30～60厘米，直径2.0～2.5厘米，黑褐色，不开裂，形似腊肠，故而得名

肾蕨

•科名 / 肾蕨科 •属名 / 肾蕨属
•别名 / 圆羊齿、篦子草、凤凰蛋、蜈蚣草、石黄皮

Nephrolepis auriculata (L.) Trimen

种类 多年生草本

树高：匍匐茎长达30厘米	叶序：簇生	叶形：线状披针形或狭披针形

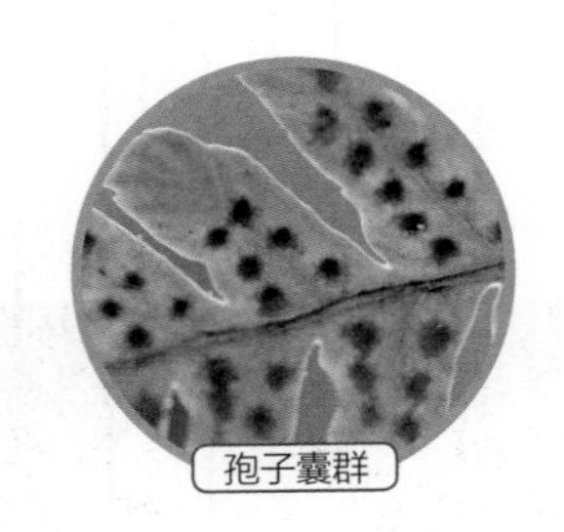
孢子囊群

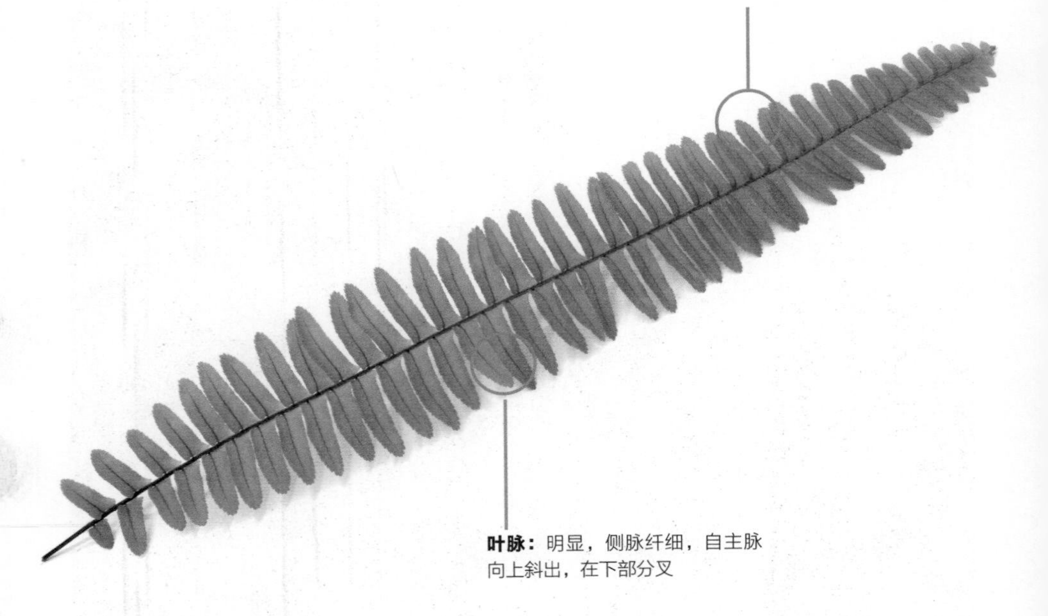

叶子特征 叶簇生，柄长6～11厘米，粗2～3毫米，暗褐色，密被淡棕色线形鳞片；叶片线状披针形或狭披针形，先端短尖，叶轴两侧被纤维状鳞片，一回羽状，羽状多数，45～120对，互生，常密集而呈覆瓦状排列，披针形。叶脉明显，侧脉纤细，自主脉向上斜出，在下部分叉，小脉直达叶边附近，顶端具纺锤形水囊。叶坚草质或草质，干后棕绿色或褐棕色，光滑。

植物应用 肾蕨盆栽可点缀书桌、茶几、窗台和阳台，也可吊盆悬挂于客室和书房；在园林中可做阴性地被植物，或布置在墙角、假山和水池边。其叶片可做切花、插瓶的陪衬材料。

孢子囊群成1行，位于主脉两侧，肾形，生于每组侧脉的上侧小脉顶端

常地生和附生于溪边林下的石缝中和树干上，喜温暖潮润和半阴环境，忌阳光直射

盆栽

铁刀木

•科名 / 豆科　•属名 / 决明属
•别名 / 孟买蔷薇木、黑心

Cassia siamea Lam.　　种类 常绿乔木

树高：10米	叶序：偶数羽状复叶	叶形：长圆形或长圆状椭圆形

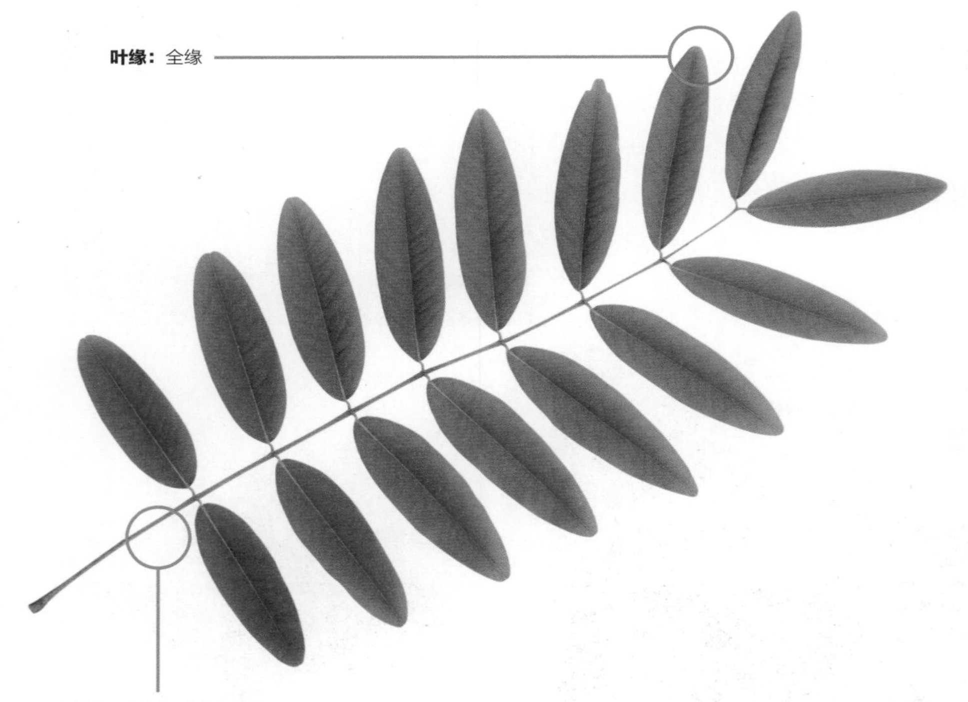

叶子特征 叶长20～30厘米；叶轴与叶柄无腺体，被微柔毛；小叶对生，6～10对，革质，长圆形或长圆状椭圆形，长3.0～6.5厘米，宽1.5～2.5厘米，顶端圆钝，常微凹，有短尖头，基部圆形，上面光滑无毛，下面粉白色，边全缘；小叶柄长2～3毫米；托叶线形，早落。

植物应用 铁刀木终年常绿、枝叶苍翠、叶茂花美、开花期长、病虫害少，属低维护优良树，可用作园林、行道树及防护林树种，依地形可采取单植、列植、群植栽培。

铁刀木终年常绿、枝叶苍翠、叶茂花美，属低维护优良树

总状花序生于枝条顶端的叶腋，并排成伞房花序状

荚果扁平，长15～30厘米，宽1.0～1.5厘米，边缘加厚，被柔毛，熟时带紫褐色

铁线蕨

• 科名 / 铁线蕨科 • 属名 / 铁线蕨属
• 别名 / 铁丝草、铁线草、水猪毛土

Adiantum capillus-veneris L. 种类 多年生草本

树高：15～40厘米	叶序：羽状复叶	叶形：卵状三角形

叶基部：楔形

叶子特征 叶远生或近生；柄长5～20厘米，叶片卵状三角形尖头，基部楔形；羽片3～5对，互生，斜向上，有柄，一回（少二回）奇数羽状，顶生小羽片扇形，基部为狭楔形，往往大于其下的侧生小羽片。叶脉多回二歧分叉，直达边缘，两面均明显。叶干后薄草质，草绿色或褐绿色，两面均无毛。

植物应用 喜阴，适应性强，栽培容易，适合室内常年盆栽观赏。小盆栽可置于案头、茶几上；较大盆栽可用于布置背阴房间的窗台、过道或客厅。铁线蕨叶片还是良好的切叶材料及干花材料。

常生于流水溪旁石灰岩上，或石灰岩洞底、滴水岩壁上，为钙质土的指示植物

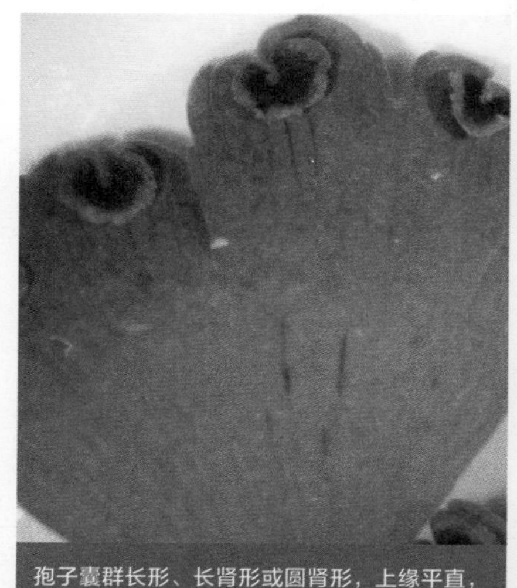

孢子囊群长形、长肾形或圆肾形，上缘平直，淡黄绿色，老时棕色，膜质，全缘，宿存

盆栽

阳桃

•科名 / 酢浆草科 •属名 / 阳桃属
•别名 / 洋桃、五敛子、阳桃

Averrhoa carambola L. 种类 常绿乔木

树高：12米	叶序：奇数羽状复叶	叶形：卵形或椭圆形

叶子特征 奇数羽状复叶，互生，长10～20厘米；小叶5～13片，全缘，卵形或椭圆形，长3～7厘米，宽2.0～3.5厘米，顶端渐尖，基部圆，一侧歪斜，表面深绿色，背面淡绿色，疏被柔毛或无毛，小叶柄甚短。

植物应用 阳桃果形奇特、风味可口，营养价值高。阳桃鲜果含糖量在各种鲜果中居首位，内含蔗糖、果糖、葡萄糖，另含各种营养成分，对于人体有助消化、滋养、保健功能。中医研究发现，阳桃根、枝、叶、花、果均可供药用。《本草纲目》记载，阳桃主风热，生津，止渴，具有清热降火、润喉爽声、利尿、解毒、醒酒、止血、拔毒生肌、助消化等功效。

乔木，高可达12米，分枝甚多；树皮暗灰色

花小，微香，数朵至多朵组成聚伞花序或圆锥花序，自叶腋出或着生于枝干上

浆果肉质，下垂，有5棱，很少6或3棱，横切面呈星芒状，长5～8厘米，淡绿色或蜡黄色

银桦

•科名 / 山龙眼科 •属名 / 银桦属

Grevillea robusta A. Cunn. ex R. Br.

种类 常绿乔木

树高：10～25米 | 叶序：羽状复叶 | 叶形：羽状深裂

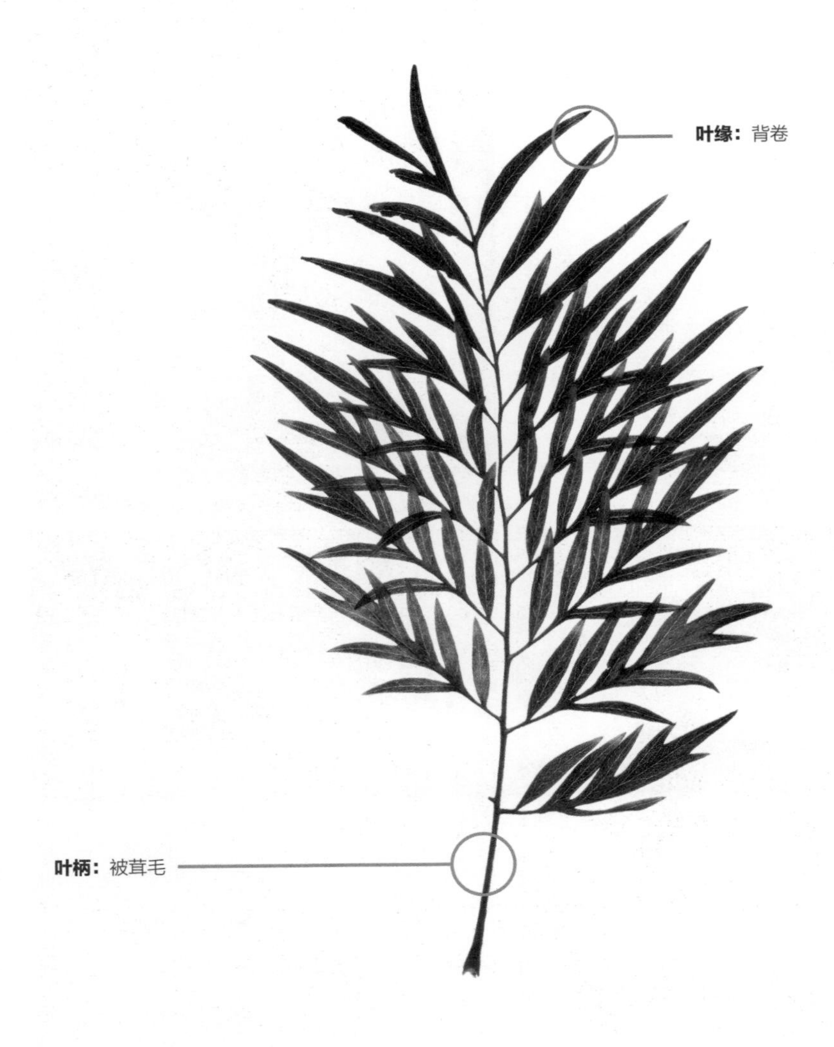

叶子特征 叶长15～30厘米，二次羽状深裂，裂片7～15对，上面无毛或具少疏丝状绢毛，下面被褐色茸毛和银灰色绢状毛，边缘背卷；叶柄被茸毛。

植物应用 银桦原产大洋洲，常绿，树干笔直，树形美观，尤其在开花季节，万绿丛中衬以橙黄色的花朵，为风景树和行道树。银桦还是流行的室内小品盆栽常用的素材，纤细的羽状叶带有银白色的细毛，配上嫩绿的叶色，不但可以柔化生硬的家具，也为室内带来生生不息的感觉。

花为橙黄色，总状花序单生或数个聚生于无叶的短枝上，长7～15厘米，多花

鱼尾葵

• 科名 / 棕榈科 • 属名 / 鱼尾葵属
• 别名 / 假桄榔、青棕、钝叶、假桃榔

Caryota ochlandra Hance 种类 常绿乔木

树高：10～15米	叶序：羽状复叶互生	叶形：楔形

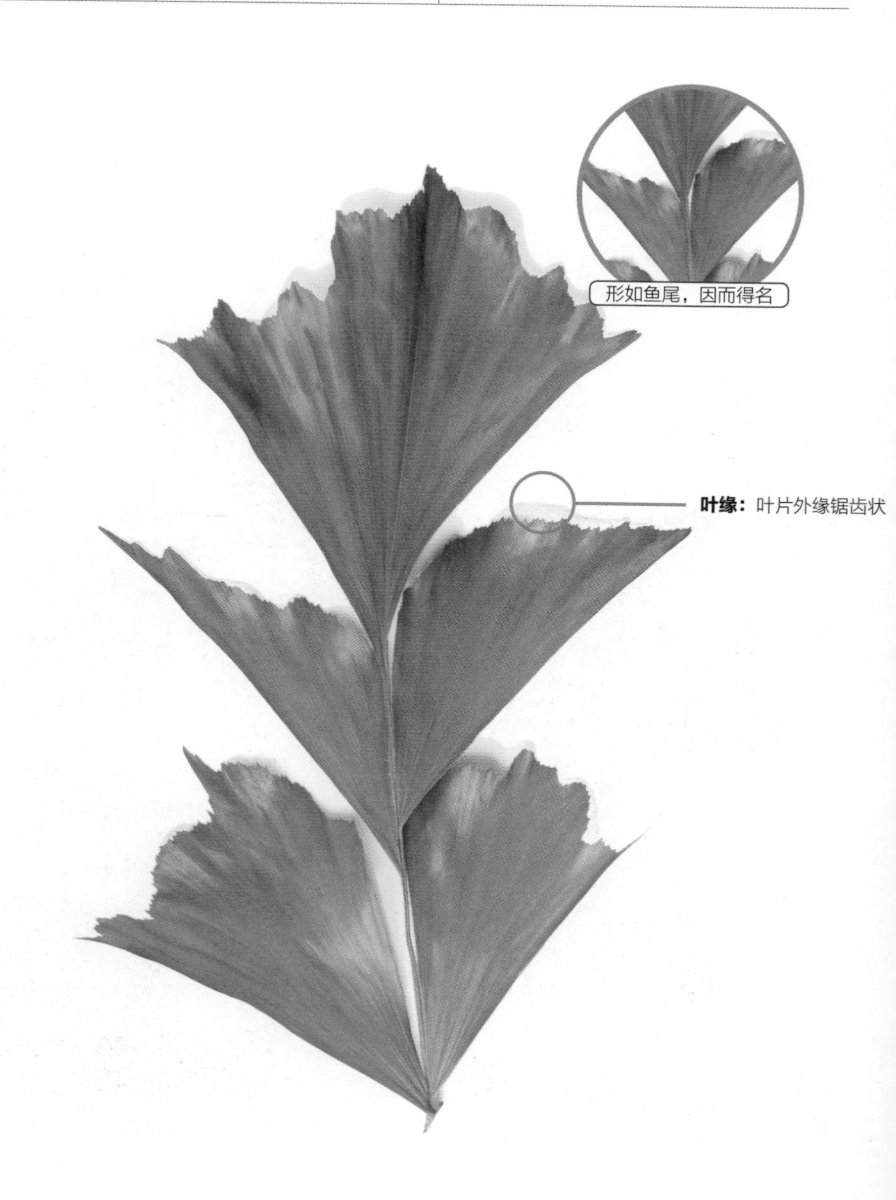

叶子特征 叶长3～4米，幼叶近革质，老叶厚革质；羽片长15～60厘米，宽3～10厘米，互生，罕见顶部的近对生，最上部的1羽片大，楔形，先端2～3裂，侧边的羽片小，菱形，外缘笔直，内缘上半部或1/4以上弧曲成不规则的齿缺，且延伸成短尖或尾尖。

植物应用 鱼尾葵姿态优美潇洒，叶片翠绿，形奇特，有不规则的齿状缺刻，酷似鱼尾，富含热带情调，是优良的室内大形盆栽树种，适合布置于客厅、会场、餐厅等处，羽叶可剪作切花配叶。鱼尾葵茎含大量淀粉，可做桄榔粉的代用品；边材坚硬，可做手杖和筷子等工艺品。

树形美丽，可作为庭园绿化植物

花3朵簇生，花期7月，肉穗花序下垂，小花黄色

果球形，成熟后紫红色，果实浆液与皮肤接触能导致皮肤瘙痒

月季花

•科名 / 蔷薇科 •属名 / 蔷薇属
•别名 / 月月红、月月花、长春花、四季花、胜春

Rosa chinensis Jacq. 种类 落叶灌木

树高：1～2米	叶序：奇数羽状复叶	叶形：宽卵形至卵状长圆形

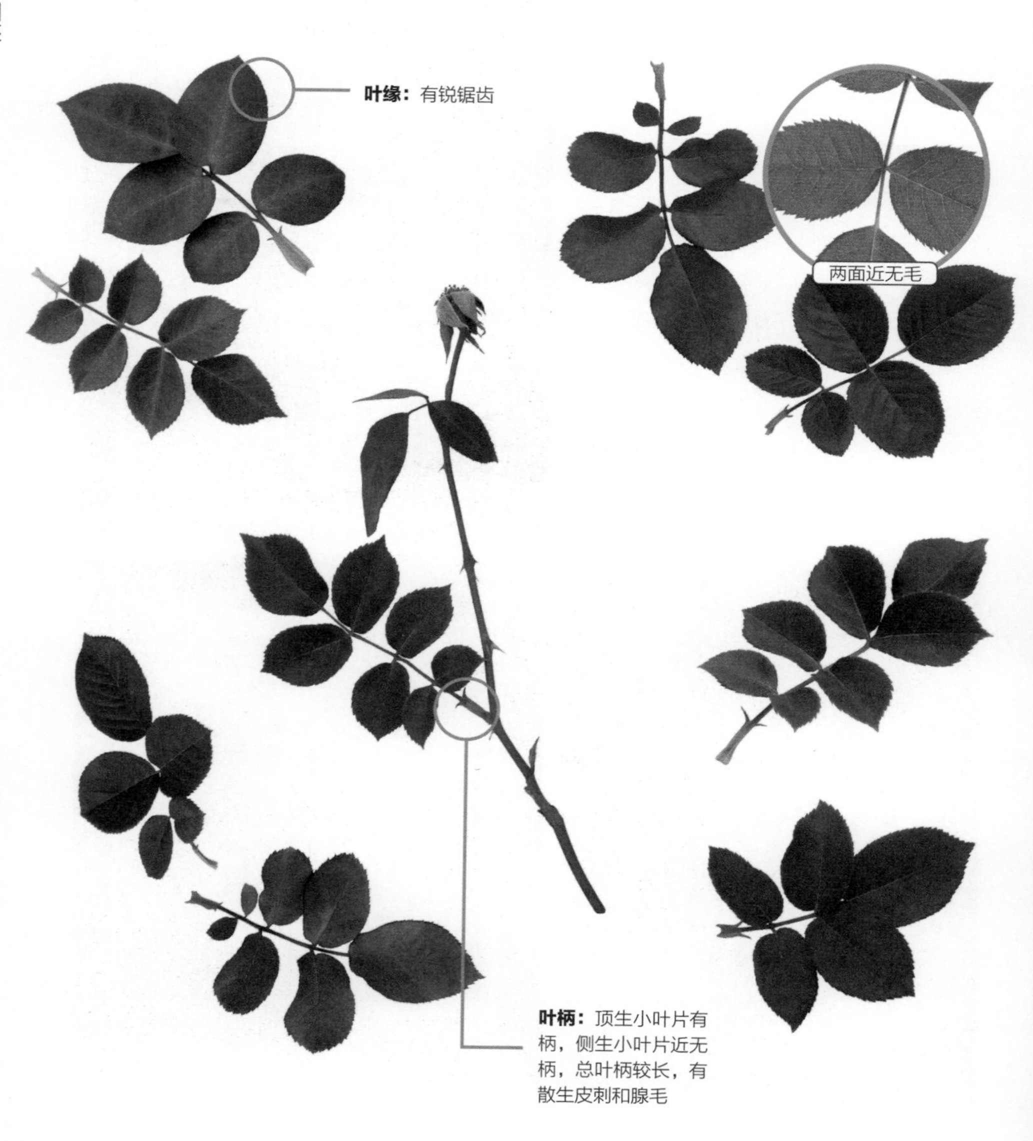

叶子特征 小叶一般3～5片，少数7片，连叶柄长5～11厘米，小叶片宽卵形至卵状长圆形，边缘有锐锯齿，两面近无毛，上面暗绿色，常带光泽，下面颜色较浅；顶生小叶片有柄，侧生小叶片近无柄，总叶柄较长，有散生皮刺和腺毛；托叶大部贴生于叶柄，仅顶端分离部分成耳状，边缘常有腺毛。

植物应用 月季花是春季主要的观赏花卉，其花期长，观赏价值高，价格低廉，适合打造园林景观。可用于园林布置花坛、庭院，还可制作月季盆景，做切花、花篮、花束等。月季因其攀缘生长的特性，主要用于垂直绿化，在园林街景、美化环境中具有独特的作用。

花中皇后，又称“月月红”

现代月季花形多样，有单瓣和重瓣，还有高心卷边等优美花形；其色彩艳丽、丰富

干燥花具有活血调经、疏肝解郁之功效

鹅掌柴

• 科名 / 五加科 • 属名 / 鹅掌柴属
• 别名 / 鸭掌木、鹅掌木

Schefflera octophylla (Lour.)Harms 种类 常绿灌木

树高：2～15米	叶序：掌状复叶	叶形：椭圆形、长圆状椭圆形或倒卵状椭圆形

叶子特征 叶有小叶6～9，最多至11；叶柄长15～30厘米，疏生星状短柔毛或无毛；小叶片纸质至革质，椭圆形、长圆状椭圆形或倒卵状椭圆形，少椭圆状披针形，长9～17厘米，宽3～5厘米，幼时密生星状短柔毛，后毛渐脱落，除下面沿中脉和脉腋间外均无毛，或全部无毛，先端急尖或短渐尖，少圆形，基部渐狭，楔形或钝形，边缘全缘，但在幼树时常有锯齿或羽状分裂，侧脉7～10对，下面微隆起，网脉不明显。

植物应用 鹅掌柴属大型盆栽植物，适合宾馆大厅、图书馆的阅览室，以及博物馆展厅摆放，呈现自然和谐的绿色环境。

盆栽

圆锥状花序，小花淡绿色

在空气湿度大、土壤水分充足的情况下，茎叶生长茂盛

红花酢浆草

• 科名 / 酢浆草科 • 属名 / 酢浆草属
• 别名 / 大酸味草、南天七、夜合梅、大叶酢浆草

Oxalis corymbosa DC. 种类 多年生草本

树高：30厘米	叶序：掌状复叶	叶形：扁圆状倒心形

叶子特征 叶基生；叶柄长5～30厘米或更长，被毛；小叶3，扁圆状倒心形，长1～4厘米，宽1.5～6.0厘米，顶端凹入，两侧角圆形，基部宽楔形，表面绿色，被毛或近无毛，背面浅绿色，通常两面或有时仅边缘有干后呈棕黑色的小腺体，背面尤甚，并被疏毛；托叶长圆形，顶部狭尖，与叶柄基部合生。

植物应用 红花酢浆草具有植株低矮、整齐，花多叶繁，花期长、花色艳，覆盖地面迅速，又能抑制杂草生长等诸多优点，很适合在花坛、花径、疏林地及林缘大片种植。用红花酢浆草组字或组成模纹图案效果很好。红花酢浆草也可盆栽用来布置广场、室内阳台，同时也是庭院绿化镶边的好材料。

红花酢浆草具有花色艳、花期长、生长迅速等特点，在国内广泛栽培，由于其极强的繁殖能力，已在南方各地逸为野生，成为一种杂草

七叶树

- 科名 / 七叶树科 • 属名 / 七叶树属
- 别名 / 梭椤树、梭椤子、天师栗、开心果、猴板栗

Aesculus chinensis Bunge

种类 落叶乔木

树高：25米	叶序：掌状复叶	叶形：长圆披针形至长圆倒披针形

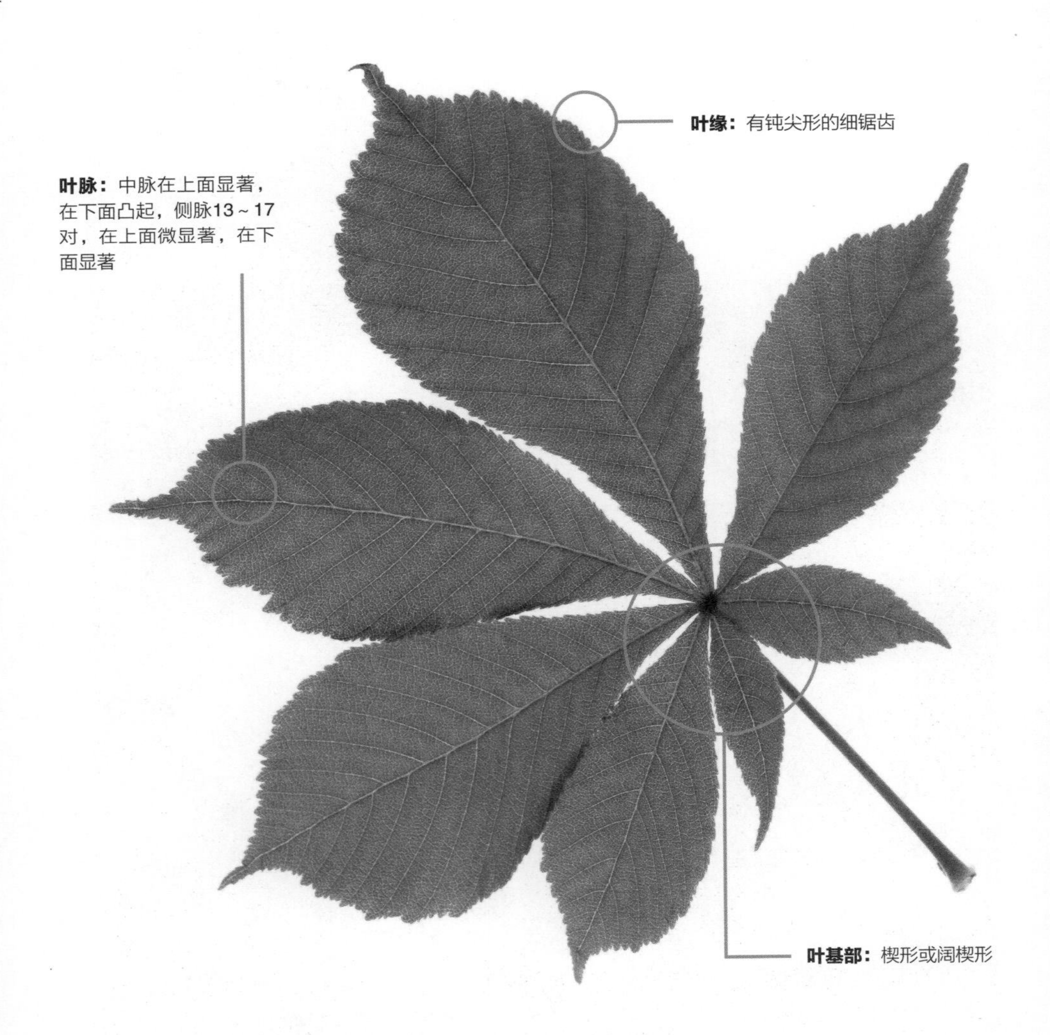

叶子特征 掌状复叶，由5～7小叶组成；小叶纸质，长圆披针形至长圆倒披针形，少长椭圆形，先端短锐尖，基部楔形或阔楔形，边缘有钝尖形的细锯齿，上面深绿色，无毛，下面除中肋及侧脉的基部嫩时有疏柔毛外，其余部分无毛；中肋在上面显著，在下面凸起，侧脉13～17对，在上面微显著，在下面显著。

植物应用 七叶树树干耸直，冠大荫浓，初夏繁花满树，硕大的白色花序又似一盏华丽的烛台，蔚然可观，是优良的行道树和园林观赏植物，可做人行步道、公园、广场绿化树种，既可孤植也可群植，或与常绿树和阔叶树混种。

落叶乔木，高达25米，树皮深褐色或灰褐色

花序圆筒形，花序总轴有微柔毛，小花序常由5～10朵花组成

果实球形或倒卵圆形，黄褐色，无刺，具很密的斑点

五叶地锦

- 科名 / 葡萄科　• 属名 / 地锦属
- 别名 / 五叶爬山虎、爬墙虎

Parthenocissus quinquefolia (L.) Planch.　种类 落叶木质藤本

树高：0.5米以下	叶序：掌状复叶	叶形：倒卵圆形、倒卵椭圆形

叶子特征 叶为掌状5小叶，小叶倒卵圆形、倒卵椭圆形或外侧小叶椭圆形，长5.5～15.0厘米，宽3～9厘米，最宽处在上部，顶端短尾尖，基部楔形或阔楔形，边缘有粗锯齿，上面绿色，下面浅绿色，两面均无毛或下面脉上微被疏柔毛，侧脉5～7对，网脉两面均不明显凸出；叶柄长5.0～14.5厘米，无毛，小叶有短柄或几无柄。

植物应用 五叶地锦是绿化墙面、廊架、山石或老树干的好材料，也可作为地被植物。蔓茎纵横，密布气根，翠叶遍盖如屏，秋后入冬，叶色变红或黄，十分艳丽，适于配植宅院墙壁、围墙、庭园入口等处。它对二氧化硫等有害气体有较强的抗性，也宜做工矿街坊的绿化材料。

蔓茎纵横，密布气根，翠叶遍盖如屏，秋后入冬，叶色变红或黄，十分艳丽

棕榈

•科名 / 棕榈科 •属名 / 棕榈树
•别名 / 唐棕、拼棕、中国扇棕、棕树、山棕

Trachycarpus fortunei (Hook.)H.Wendl. 种类 常绿乔木

树高：3～10米	叶序：掌状复叶	叶形：圆形深裂或线状剑形

叶柄： 两侧具细圆齿，顶端有明显的戟突

叶子特征 叶片呈3/4圆形或者近圆形，深裂成30～50片具皱折的线状剑形，裂片宽2.5～4.0厘米，长60～70厘米，先端具短2裂或2齿，硬挺甚至顶端下垂；叶柄长75～80厘米，有些甚至更长，两侧具细圆齿，顶端有明显的戟突。

植物应用 棕榈在南方各地广泛栽培，主要剥取其棕皮纤维做绳索，编蓑衣、棕绷、地毡，制刷子和作为沙发的填充料等；嫩叶经漂白可制扇和草帽；未开放的花苞又称“棕鱼”，可供食用；棕皮及叶柄煅炭入药，有止血作用，果实、叶、花、根等亦入药；此外，棕榈树形优美，也是庭园绿化的优良树种。

常绿乔木，高可达8～10米

树姿挺拔，叶色葱茏，适于四季观赏

花序粗壮，多次分枝，从叶腋抽出，通常是雌雄异株

针状叶
leaves

Chapter 3

雪松

• 科名 / 松科 • 属名 / 雪松属
• 别名 / 香柏

Cedrus deodara (Roxb.)G.Don　　种类 常绿乔木

树高：50米	叶序：羽状复叶	叶形：针形

叶子特征 叶在长枝上辐射伸展，短枝之叶成簇生状，针形，坚硬，淡绿色或深绿色，长2.5～5厘米，宽1～1.5毫米，上部较宽，先端锐尖，下部渐窄，常成三棱形，稀背脊明显，叶之腹面两侧各有2～3条气孔线，背面4～6条，幼时气孔线有白粉。

植物应用 雪松是世界著名的庭园观赏树种之一。它具有较强的防尘、减噪与杀菌能力，也适宜作工矿企业绿化树种。雪松树体高大，树形优美，最适宜孤植于草坪中央、建筑前庭之中心、广场中心或主要建筑物的两旁及园门的入口等处。雪松木材轻软，具树脂，不易受潮，在原产地是一种重要的建筑用材。

树皮深灰色，裂成不规则的鳞状块片

雄球花长卵圆形或椭圆状卵圆形，长2～3厘米；雌球花卵圆形，长约8毫米

球果成熟前淡绿色，微有白粉，熟时红褐色，卵圆形或宽椭圆形

日本冷杉

• 科名 / 松科
• 属名 / 冷杉属

Abies firma Siebold et Zucc. 种类 常绿乔木

树高：50米	叶序：羽状复叶	叶形：针状条形

叶子特征 叶条形，直或微弯，长2.0～3.5厘米，少有5厘米，宽3～4毫米，近于辐射伸展，或枝条上面的叶向上直伸或斜展，枝条两侧及下面之叶列成两列，先端钝而微凹（幼树之叶在枝上排成两列，先端2裂），上面光绿色，下面有2条灰白色气孔带。

植物应用 树形优美，秀丽可观，树冠参差挺拔，适于公园、陵园、广场甬道之旁或建筑物附近成行配植。园林中在草坪、林缘及疏林空地中成群栽植，极为葱郁优美，如在其老树之下点缀山石和观叶灌木，则更收到形、色俱佳之景。木材白色，不分心材与边材，材质轻松，纹理直，易于加工，是建筑、家具、造纸的优良材料，也可供枕木、电柱、板材等用材。

在原产地高达50米，胸径达2米；树皮暗灰色或暗灰黑色，粗糙

球果圆柱形，长12～15厘米，基部较宽，成熟前绿色，熟时黄褐 色或灰褐色

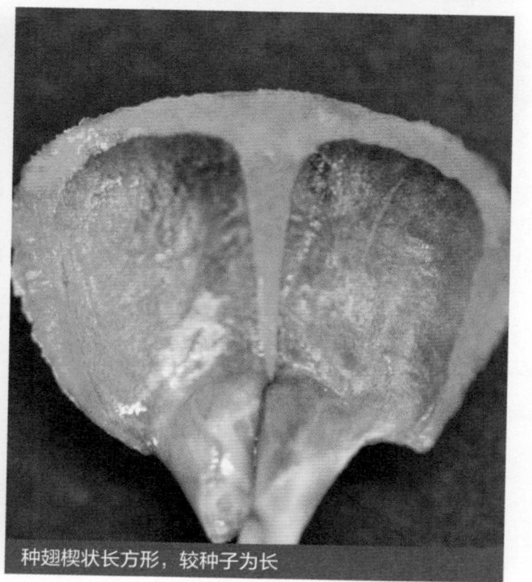
种翅楔状长方形，较种子为长

石松

•科名 / 石松科 •属名 / 石松属
•别名 / 伸筋草、过山龙、宽筋藤、玉柏

Lycopodium japonicum Thunb. ex Murray 种类 多年生草本

树高：1米以下 | 叶序：单叶互生 | 叶形：披针形或线状披针形

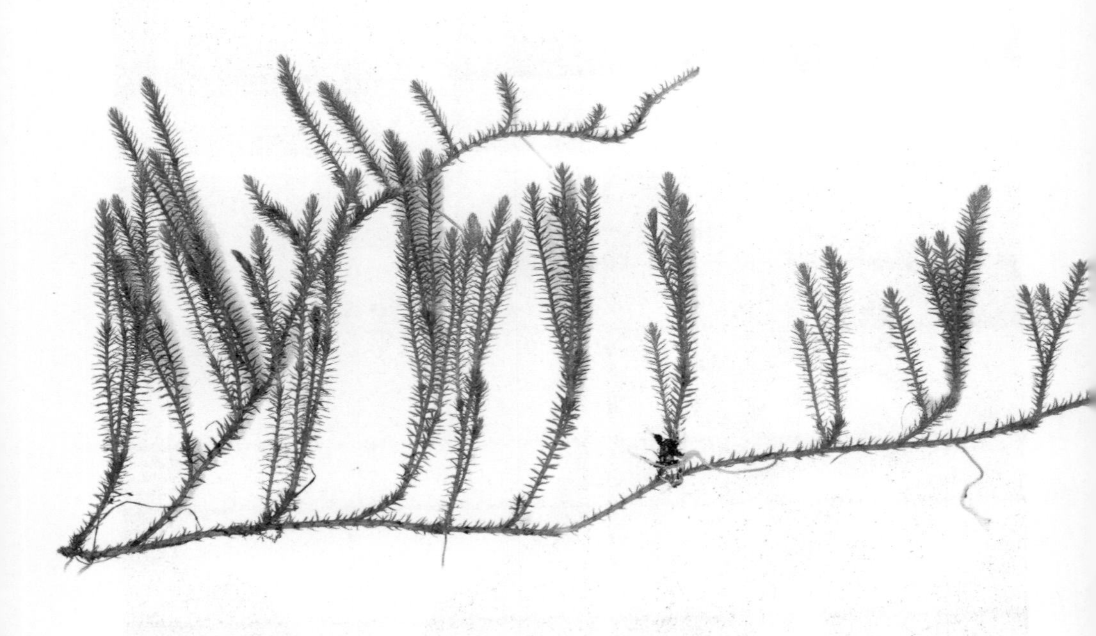

叶子特征 叶螺旋状排列，密集，上斜，披针形或线状披针形，长4～8毫米，宽0.3～0.6毫米，基部楔形，下延，无柄，先端渐尖，具透明发丝，边缘全缘，草质，中脉不明显。

植物应用 石松叶大，扇形，奇特雅致，配置林缘、路旁颇相宜，具有很高的观赏价值。石松的根状茎富含淀粉，它的营养价值不亚于藕粉，不但可食，也可酿酒。蕨的幼叶有特殊的清香美味，但在食前须先用米泔水或清水浸泡数日，除去其有毒成分，炒食或干制成蔬菜。

生于低海拔林缘、疏林下，路边、山坡及草丛间

水杉

•科名 / 杉科　•属名 / 水杉属
•别名 / 梳子杉

Metasequoia glyptostroboides Hu et Cheng

种类 落叶乔木

树高：35米	叶序：叶在侧生列	叶形：条形

叶子特征 叶条形，长0.8～3.5厘米，宽1.0～2.5毫米，上面淡绿色，下面色较淡，沿中脉有两条较边带稍宽的淡黄色气孔带，每带有4～8条气孔线，叶在侧生小枝上排成两列，羽状，冬季与枝一同脱落。

植物应用 水杉是“活化石”树种，是秋叶观赏树种，在园林中最适于列植，也可丛植、片植，可用于堤岸、湖滨、池畔、庭院等绿化，也可盆栽，还可成片栽植营造风景林，并适配常绿地被植物，还可栽于建筑物前或用作行道树。水杉对二氧化硫有一定的抵抗能力，是工矿区绿化的优良树种。

乔木，高达35米，胸径达2.5米；树干基部常膨大

球果下垂，近四棱状球形或矩圆状球形，成熟前绿色，熟时深褐色

水杉是“活化石”树种，是秋叶观赏树种

樟子松

•科名 / 松科　•属名 / 松属
•别名 / 海拉尔松、蒙古赤松、西伯利亚松、黑河赤松

Pinus sylvestris L. var. mongholica Litv.　种类 常绿乔木

树高：25米	叶序：簇生	叶形：针形

叶子特征 针叶2针一束，硬直，常扭曲，长4～9厘米，很少达12厘米，径1.5～2毫米，先端尖，边缘有细锯齿，两面均有气孔线；横切面半圆形，微扁。

植物应用 树形及树干均较美观，可作庭园观赏和绿化树种。由于具有耐寒、抗旱、耐瘠薄及抗风等特性，可作东北地区防护林及固沙造林的主要树种。沙地造林成活后，随着林木生长，不仅风蚀减少，枯枝落叶增多，并且具有防风阻沙改变环境的作用。

乔木，高达25米，胸径达80厘米；大树树皮厚

索引